# 生物化学实验

## EXPERIMENTS IN BIOCHEMISTRY

主　编　阮　红

副主编　张　薇　陈伟平

ZHEJIANG UNIVERSITY PRESS

浙江大学出版社

**图书在版编目(CIP)数据**

生物化学实验/阮红主编. —杭州：浙江大学出版社，2012.8(2017.7重印)

ISBN 978-7-308-09918-9

Ⅰ.①生… Ⅱ.①阮… Ⅲ.①生物化学－实验－高等学校－教材 Ⅳ.①Q5-33

中国版本图书馆 CIP 数据核字（2012）第 081343 号

**生物化学实验**

阮　红　主编

---

| | |
|---|---|
| **责任编辑** | 季　峥(really@zju.edu.cn) |
| **封面设计** | 林智广告 |
| **出版发行** | 浙江大学出版社 |
| | （杭州市天目山路 148 号　邮政编码 310007） |
| | （网址：http://www.zjupress.com） |
| **排　　版** | 杭州大漠照排印刷有限公司 |
| **印　　刷** | 浙江省良渚印刷厂 |
| **开　　本** | 787mm×1092mm　1/16 |
| **印　　张** | 9 |
| **字　　数** | 225 千 |
| **版 印 次** | 2012 年 8 月第 1 版　2017 年 7 月第 3 次印刷 |
| **书　　号** | ISBN 978-7-308-09918-9 |
| **定　　价** | 22.00 元 |

---

浙江大学出版社发行中心邮购电话：(0571) 88925591；http://zjdxcbs.tmall.com

# 前　言

　　生命科学在 20 世纪有了惊人的发展,其中生物化学是最活跃的分支学科之一。由于生物化学是以实验为基础的学科,因此生物化学实验技术是生命科学研究领域和临床诊疗应用领域中一项非常重要的技术,它推动了生物化学学科的迅猛发展。近几年来,我国高等教育的步伐不断地加快,不少高等院校组建了医药类学院,并强调以高素质应用型的人才培养作为目标。我们清楚地看到,医药类专业的学生必需掌握基本的生物化学实验技能,了解生物体内基本物质成分的分离、分析和鉴定的常用方法,以及物质代谢的研究方法,并通过实验技术加深对日常生活和临床实践中生物化学知识的理解与运用,提高观察、分析和解决问题的能力,为深入学习和日后从事相关工作打下扎实的基础。

　　为此,我们结合多年高等院校基础生物化学教学实践之经验,参考国内外教材,编写了这本《生物化学实验》教材。本书系统、全面地介绍了生物化学常用实验技术与方法,共分五部分。第一部分为生物化学实验基本常识。第二部分为生物化学基础性实验,共分四章,介绍经典的生物化学实验内容,使学生学习氨基酸及蛋白质类、核酸类、酶类、脂类等生物分子鉴定的实验原理和方法,其中分光光度法、电泳技术、层析技术、离心技术四大生物化学基本技术穿插在相应的实验内容中运用。在第三、四、五部分中分别设置了生物化学综合性实验、设计性实验和病例讨论内容。其中,综合性实验是基于生物代谢的原理和知识的综合应用;而设计性实验是在尽可能创造条件,在现有的实验条件下,最大可能地让学生动手动脑,培养学生独立思考、勇于创新的实践能力,我们提供了难易程度不一的自主选择性实验题目,供学生们参考;病例讨论是结合新型 PBL 基于问题的医学学习模式,强调以学生为主体,用问题情景引导学生主动思考、分析,获得需要的知识并最终解决问题,提升学生的学习积极性和能动性。

本书的主要编者有浙江大学城市学院的阮红、张薇、陈伟平，浙江大学生命科学学院的丁鸣、杨歧生，绍兴文理学院的倪坚，浙江大学城市学院的范立梅、陈泽华、蒋立娣和杜阳龙也参与了部分章节的编写。南京大学生命科学学院的杨荣武教授和浙江大学医学院詹金彪教授对本书的编写提供了大量指导性的建议，在这里一并表示感谢。编者长期工作在教学和科研的第一线，有多年的教学和科研经验，深受学生们的喜爱，现将大家多年实验教学经验整理成书，奉献给喜爱生物化学实验的莘莘学子。

　　本书适用于高等院校的生物化学实验教学，可供临床医学、药学、医学检验、预防医学、护理学等专业使用，也可供生物技术、生物制药、生物工程类专业根据要求选择使用。由于编者能力有限，不免有许多不足与疏漏之处，谨望广大师生朋友们多提宝贵意见，以便我们完善教材，更好地为师生们服务。

编者

2012 年 5 月

# C目 录
## Contents

# 第一部分　生物化学实验基本常识

# 第一章　实验室规则

生物化学实验室是从事生物化学实验教学和科学研究的主要场所。为了让学生能在实验室中更好地学习生物化学实验的各项实验技能，掌握规范的实验操作和养成良好的实验习惯，同时为了保证生物化学实验正常、安全、有序地开展，生物化学实验室需要相应的实验室管理办法与规则，学生应该自觉地遵照生物化学实验室规则和实验注意事项进行实验。

1. 实验器材的使用

实验室一般为每人/组配备一套实验常用的实验器材，包括玻璃器皿（如量筒、烧杯、试管、玻棒等）和其他器材（如研钵、剪刀、镊子、滤纸、纱布等）。学生实验前应根据"器材清单"清点有无缺损，如有缺损请及时向老师报告并补足。

在实验过程中，应按要求正确使用这些器材；实验结束后，应把使用过的玻璃仪器清洗干净（玻璃仪器的清洗详见附录二），并放回自己的器材柜中以备下次使用。

对于公用实验器材，使用时要倍加爱护和珍惜，使用后也要保持清洁，清洗干净后放回原处。

2. 实验仪器的使用

使用实验仪器前，应在了解每台生物化学仪器的操作方法后，或在已掌握如何使用的前提下，方可自己单独操作有关仪器。若违反操作规程，将仪器损坏，应按有关规定进行赔偿。

仪器使用结束后，应及时清理并关闭电源；使用人需要在仪器登记本上记录仪器使用情况，如仪器在使用过程中有问题，应登记并马上向实验室老师报告。

3. 实验材料和试剂的安全使用

在实验过程中如果涉及实验材料，包括动植物活体及其组织、器官、标本材料等，需注意安全，小心操作，以免被动物咬伤或与材料接触时感染。

当接触有毒、有害、腐蚀性和挥发刺激性试剂时，需谨慎操作，一定要做好防护措施，如戴口罩、手套，使用通风柜等。

在实验中若接触易燃易爆试剂、带有微生物的器皿和放射性同位素时，应严格遵照安全规定进行操作和处理。

药品取用时必须用干净药匙，取用不同药品时必须更换药匙。公用药品、试剂取用后，必须"盖随瓶走"，用后需立即将瓶塞盖严并放回原处，切忌张冠李戴；取出的试剂或标准溶液如未用尽，切勿倒回试剂瓶；特殊药品、试剂应按要求存放；专用药品、试剂应做好妥善保管工作；使用后的试剂不可随意倒弃，要及时按不同要求做好安全处理工作。

**4. 实验室安全与卫生**

对于污染过有毒、有害、腐蚀性试剂的实验器材和仪器,应及时按要求清洗处理,不要影响后序的实验安全。

实验时如不慎将有毒、有害、腐蚀性试剂洒在实验台或地上,应及时处理好桌面及地面,以免影响自身和他人的安全。

使用实验仪器时,应注意用电安全;使用结束后,应及时关闭电源。

禁止在实验室内使用电炉或明火。

严禁在实验室内吸烟。

若在实验过程中不慎发生意外,如毒物吸入、化学灼伤、机械损伤、触电、局部失火等,相应的应急处理方法请见附录三。

在每次实验结束后,应自觉完成以下工作:① 整理实验用试剂、器材和仪器。② 将实验台上的废液缸中的废物按规定处理,洗净废液缸,并把台面擦干净。③ 把使用过的仪器及仪器台面擦拭干净。④ 将实验室产生的实验废物和垃圾按规定分类处理,并把实验室的地面扫清拖净。⑤ 关掉与实验无关的水龙头及电源开关,经检查无安全问题后才可离开实验室。

**5. 其他实验室管理事项**

学生进入实验室做实验,应严格遵守实验室各项规章制度,做到不迟到,不早退;不准在实验室吃零食或用膳;必须穿实验服做实验,不准穿拖鞋进实验室;严格服从指导教师的管理。

实验过程中要保持安静,不要喧哗;不要做与实验无关的事,如玩手机、电脑游戏,看影视片,收听音乐,打牌等。

# 第二章　生物化学实验常用仪器基本操作

## 1. 移液器

在生物化学与分子生物学实验中,常用移液器(又称移液枪)来精确地量取实验所需试剂,它是生物化学实验中常用的小件精密设备。能否正确使用移液器,关系到它的使用寿命,关系到实验数据的准确性与重复性。移液器的结构如图 1-1 所示。

移液器由连续可调的机械装置和可替换的吸头(又称枪头)组成。不同型号的移液器吸头有所不同,实验室常用的有 $2\mu l$、$10\mu l$、$20\mu l$、$100\mu l$、$200\mu l$、$1ml$、$5ml$、$10ml$ 等不同规格。在规定的量程范围内可根据需要调节取液的容量。

具体使用方法如下:

### (1) 选择移液器

根据实验精度选用正确量程的移液器(使用者可根据移液器生产厂家提供的吸量误差表确定)。当取用体积与量程不一致时,可通过稀释液体、增加吸取体积来减少误差。

### (2) 吸液(取液)

方法如图 1-2 所示。根据需要吸取的试剂量慢慢调准移液器容量,切勿超过最大或低于最小量程;用右手握住移液器外壳,将吸头套在移液器的活塞杆上,左右微微转动,上紧即可,必要时可用手辅助套紧,但要防止由此带来的污染,然后用拇指按下控制按钮至第 1 挡,将吸头嘴竖直插入待取液体中,深度以刚浸没吸头尖端为宜,然后缓缓松开拇指慢慢吸取液体,让控制按钮复原。移液器吸量液体时,动作要轻缓,要注意避免形成空气泡,以保证取液的精确度。

### (3) 放液(加液)

放液方法如图 1-3 所示。排出所吸液体时,先将吸头尖端靠在容器内壁上,慢慢按压

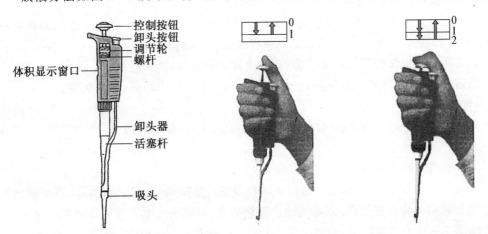

图 1-1　移液器结构示意图　　　图 1-2　吸液操作示意图　　　图 1-3　放液操作示意图

控制按钮至第1挡,停留1~2s后,按至第2挡以排出所有液体。反复一次。如果发现吸头嘴尖口处仍有残留小液滴时,则应将吸头接触容器内壁,使液滴沿壁流下,同时拇指不能松开,以免液滴倒吸。

**(4) 吸头的更换**

性能优良的移液器还专门配有卸载吸头的机械装置,轻按卸头按钮,吸头会自动脱落。

**(5) 注意事项**

① 在移液器吸头中含有液体时,禁止将移液器水平放置,不用时最好置于移液器架上。

② 吸取液体时动作应轻缓,防止液体随气流进入移液器的上部。

③ 在吸取不同的液体时,要更换移液器吸头。

④ 移液器要进行定期校准,一般由厂方专业人员负责。

**2. 可见分光光度计**

可见分光光度计的测试波长范围在325~1100nm,能在近紫外、可见光光谱区域内对样品物质做定性和定量的分析。722E型分光光度计是在保持722标准型基本性能的基础上,将仪器的部分功能进行优化,是一款经济型的分光光度计,在同类产品中性价比高,使用简单,是目前高校实验室常用分析仪器之一。下面以722E型分光光度计为例,介绍其使用方法。

**(1) 使用方法**

① 使用仪器前,使用者应熟悉仪器的构造和工作原理,了解各个操作旋钮的功能。在接通电源前,对仪器进行检查,要求平稳放置、正确接线,最后再接通电源开关。

② 开启电源,指示灯亮,仪器预热20min。

③ 按动"MODE"按钮,选择开关置于"T"。旋转波长旋钮,调至测试用波长。

④ 打开样品室盖,将样品和参比液分别装入比色皿中,将参比液置于第一挡,测试样品液分别置于其他挡位,盖上样品室盖,拉动比色皿架拉杆,置参比于光路,按"100％T/0A"按钮,调节100％透光率,使数字显示为"100.0"满度字样。

⑤ 向外拉动比色皿架拉杆半挡,调节"0T"旋钮,使数字显示为"00.0"字样。

⑥ 重复调零和满度,直到"100.0"和"00.0"保持稳定不变,即可启动测定工作。

⑦ 拉动比色皿架拉杆,置参比于光路,按动"MODE"按钮,选择开关置于"A",按"100％T/0A"按钮,使数字显示为"00.0"字样。

⑧ 拉动比色皿架拉杆,置样品于光路,按"100％T/0A"按钮,数字显示值即为被测样品的吸光度。依次拉动拉杆,测定其他比色皿样品的吸光度值。

⑨ 如需测定其他波长下的吸光度值,必须重复步骤③~⑧,重新调整后使用。

⑩ 测定完毕后,先打开样品室盖,再断开电源。比色皿清洗干净后,晾干保存。

**(2) 注意事项**

① 分光光度计必须放置在固定的仪器台或实验台上,不要随意搬动,严防振动、潮湿和强光照射。

② 仪器必需预热20min,待机器稳定后方可使用。

③ 实验中如果需要改变测试波长,必须对仪器进行重新调整。如果大幅度改变测试波长,需等数分钟后才能正常工作,否则光能量变化急剧,会影响光电管受光后的响应速度。

④ 注意比色皿的选择使用,如用于紫外检测,需要用石英比色皿,如用于可见光检测,则用玻璃比色皿。比色皿盛液量以达到容积的2/3左右为宜。若不慎将溶液流到比色皿的

外表面,则必须先用滤纸吸干,再用擦镜纸擦净。

⑤ 拿比色皿时,手指只能捏住比色皿的毛玻璃面,不可用手拿比色皿的光滑面,以免污染和磨损比色皿透光面。每次用完比色皿,应立即用自来水冲洗,再用蒸馏水洗净。若比色皿被有机物沾污,可选用 0.1mol/L 盐酸-乙醇溶液(1∶2)浸泡,或 5% 的中性皂溶液或洗衣粉液稀释浸泡,或新配制的重铬酸钾-硫酸洗液短时间浸泡之后,立即用水冲洗干净。不能用碱溶液或氧化性强的洗涤液来洗比色皿,以免损坏,也不能用毛刷清洗比色皿,以免损伤它的透光面。洗涤后倒置晾干或用滤纸将水吸去,再用擦镜纸轻轻揩干。

⑥ 每台仪器所配比色皿必须成套,不能与其他仪器的比色皿互换使用。

⑦ 在测定一系列溶液的吸光度时,需按溶液浓度由低到高的顺序测定,以减小测量误差。

⑧ 一般应把待测溶液浓度尽量控制在吸光度值 0.1～0.7 的范围内进行测定。

### 3. 电泳仪

电泳仪电源电压 $U$ 分为高压 1500～5000V、中压 500～1500V、低压 500V 以下三种;电流 $I$ 分为大电流 500～2000mA、中电流 100～500mA、小电流 100mA 以下三种;功率 $P$ 分为大功率 200～400W、中功率 60～200W、小功率 60W 以下三种。

一般电泳仪电源输出量的三个参数 $U$、$I$、$P$ 在预置时都可以直接输入或连续调整,启动后还可以对任一参数进行微调。

① 首先要确定仪器电源开关应处于关闭状态。

② 连接电源线,确定电源插座是否有接地保护。

③ 常用电泳仪一般均有两组或四组并联输出插口,可以同时接两个或四个电泳槽,但要求这两组或四组电流之和不超过电泳仪的最大值,此时最好采用稳压输出,以减少几个电泳槽之间的相互影响。

④ 电泳前,确定凝胶和电泳缓冲液试剂配制是否符合要求,并将凝胶和电泳缓冲液放入电泳槽中。

⑤ 用电压调节旋钮或电流调节旋钮调到所需电压或电流。首先确定是恒压输出,还是恒流输出。如果是恒流输出,则将电流调为 0,将电压调至最大,然后开机,此时缓缓调节电流调节旋钮直到所需电流值。如果是恒压输出,则将电压调为 0,将电流调为最大,然后开机,缓缓调节电压旋钮至所需电压值。电源在任何情况下只能稳定电压或电流中的一种参数,电压与电流之间的关系符合欧姆定律。

⑥ 连接电泳仪电源与电泳槽之间的电泳导线。将黑、红两种颜色的电极线对应插入电泳仪输出插口,并与电泳槽相对应插口连接好,注意不要接错正、负极,检查无误后接通电泳仪电源。根据实际情况选择适宜的电压进行电泳,一般电压为 200～250V,电压过高会导致液体过热,会影响电泳结果。

⑦ 电泳实验结束后,先关闭电泳仪电源,随之拔除电泳槽导线,然后打开电泳槽上盖,取出凝胶,进行染色或直接拍照。

⑧ 使用中发现异常情况应立即关机,如发现只有电压显示而电流输出为零,应检查输出端到电泳槽之间是否断路。如果是仪器故障,应请维修人员负责检修。

⑨ 平时要注意保持电泳仪清洁。使用后要彻底清洗,可用少许洗衣粉、洗涤剂清洗,用去离子水冲洗干净,晾干备用。

### 4. 凝胶电泳系统

凝胶电泳系统集电泳仪和电泳槽为一体,具有体积小、重量轻、操作简便等特点。

**(1) 结构示意图**

电泳仪结构如图 1-4 所示。

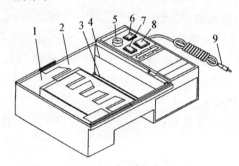

图 1-4　电泳仪结构示意图

1—盖子;2—电泳槽;3—铂电极;4—刻度线;5—熔断器;6—电源开关;

7—电压选择开关;8—极性转换开关;9—电源插头

**(2) 制作凝胶体**

先将移胶板放入制胶槽中,然后将样品梳垂直安插在移胶板的上方;倒入熔化的凝胶,等待凝胶冷却凝固;拔出样品梳,凝胶体制作完成;用拇指和食指轻捏住移胶板两侧,可挪动凝胶体。

**(3) 电泳仪操作**

先在电泳槽中加入 250ml 电泳缓冲液,液面与槽内刻度线齐平。将制作好的凝胶体用移胶板转移到电泳槽中,盖好电泳槽盖子。根据需要,按电压选择开关选择电泳电压(50V 或 100V);按极性转换开关选择电泳方向,开关置于"+—"位置时,电泳方向与电泳仪面板上的箭头方向一致。将电源输入插头插入电源插座中,注意输出电压应为 110V(若输入电压为 220V,则应采用转换变压器进行电压转换)。最后打开电源开关,开始电泳。

**(4) 注意事项**

电泳仪和转换变压器表面如有污迹,应用干净的湿布擦洗表面。切勿用腐蚀性清洗剂清洗。清洗时务必断开电源。制胶槽、样品梳和移胶板可用清水或中性清洗剂清洗。清洗电泳槽时,注意不要让清洗液流入电器盒中。

电泳仪常见故障和排除方法见表 1-1。

表 1-1　常见故障及排除方法

| 故障现象 | 故障原因 | 排除方法 |
| --- | --- | --- |
| 指示灯不亮 | 电源未接<br>熔断器损坏 | 接输入电源<br>更换熔断器 |
| 无电泳现象 | 电源开关未打开<br>电泳槽盖子未盖 | 打开电源<br>盖好盖子 |
| 电泳方向相反 | 直流电极性相反 | 切换极性转换开关 |
| 电泳距离异常 | 输入电源电压不符<br>电压选择不正确 | 检查输入电源电压<br>检查电压选择开关 |

### 5. 离心机

离心技术在生命科学的诸多领域都已得到广泛的应用,主要用于各种生物样品的分离和制备。生物样品悬浮液在高速旋转下,由于巨大的离心力作用,悬浮的微小颗粒(细胞器、生物大分子的沉淀等)以一定的速度沉降,从而与溶液得以分离,而沉降速度取决于颗粒的质量、大小和密度。离心机是利用离心技术对混合溶液进行分离和沉淀的一种专门的仪器。采用离心机可使混合溶液中的悬浮颗粒快速沉淀,借以分离密度不同的各种物质。目前医药行业、食品化工等企业都配备多种型号的离心机。

通常离心力常用地球引力的倍数来表示,因而称为相对离心力" RCF",或者用数字乘"$g$"来表示,例如 $25000 \times g$,则表示相对离心力为 25000。相对离心力是指在离心场中,作用于颗粒的离心力相当于地球重力的倍数,单位是重力加速度通常作为单位"$g$"($980 \text{cm/s}^2$),此时"RCF"相对离心力与离心机转速可用以下公式换算:

$$RCF = 1.119 \times 10^{-5} \times n^2 r$$

式中:$r$ 为粒子的旋转半径,单位为 cm;$n$ 为每分钟转数,单位为 r/min。

由上式可见,只要给出旋转半径 $r$,则 RCF 和 $n$ 之间可以相互换算,具体换算见图 1-5。

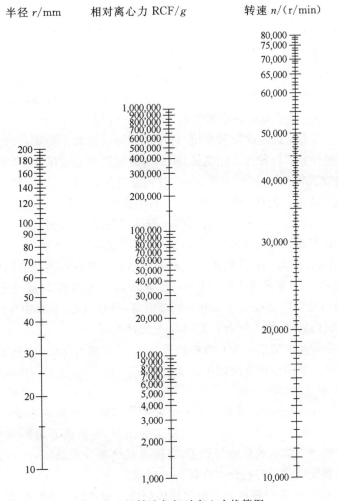

图 1-5　离心机转速与相对离心力换算图

离心机通常可分为普通离心机(转速一般为 5000r/min)、高速离心机(转速达 25000r/min)和超速离心机(转速可达 70000r/min 以上)。下面主要介绍前两类常用离心机的操作方法。

(1) 普通离心机

① 使用前检查离心机各旋钮是否在零位或关的位置上。

② 离心前先将待离心的样品溶液转移到大小合适的离心管内,盛量不宜过多(一般以离心管体积的 2/3 为宜)。

③ 将上述盛有液体的一对离心管连同套管放在电子天平上,通过调整离心管内液体或缓冲水的量使之达到平衡。然后将每对离心管对称地放置于离心机的转头中,盖好离心机盖。

④ 开动离心机时,先打开电源开关,然后慢慢转动调速旋钮,使速度逐渐加快,直到加快到所需转速时,调节定时旋钮,设定离心时间。

⑤ 当达到离心时间后,机器自动关闭启动开关,最后离心机减速自动停止,机器停止后方可打开离心机盖,取出样品离心管。

⑥ 使用完毕,将套管中的橡皮垫洗净,并冲洗外套管和离心管,倒立放置,待其干燥备用。

(2) 高速离心机

① 打开离心机电源开关,进入待机状态。

② 选择合适的转头。离心时离心管所盛液体不能超过总容量的 2/3,否则液体易溢出;使用前后应注意转头内有无漏出液体残余,应使之保持干燥。转换转头时应注意使离心机转轴和转头的卡口卡紧。每对离心管平衡误差应在 0.1g 以内。

③ 选择离心参数:按温度设置按钮,再用数字键设置离心温度,回车确定;按速度设置按钮,可在"RPM/RCF"设置挡之间切换,用数字键设置离心速度,回车确定;按转头设置按钮,再用数字键设置转头型号,回车确定;按时间设置按钮,再用数字键设置离心时间,回车确定;离心机刹车或加速速度一般设置在 0~4,不宜经常调整。

④ 将平衡好的离心管对称放入转头内。盖好转头盖子,拧紧。

⑤ 按下离心机盖门,如盖门未盖好,离心机将不能启动。

⑥ 按"START/启动"键,开始离心。离心开始后应等离心速度达到所设的速度时才能离开,一旦发现离心机有异常(如不平衡,会导致机身明显震动或噪音很大),应立即按"STOP/停止"键,必要时直接按电源开关切断电源,停止离心,并找出原因。

⑦ 如发现机器故障,请及时与厂家维修人员联系。

⑧ 使用结束后及时清洁转头和离心机腔,不要关闭离心机盖,以利于湿气蒸发。

⑨ 使用结束后必须登记使用情况。

(3) 注意事项

① 使用各种离心机时,必须事先在电子天平上精确地平衡离心管和其内容物,平衡时重量之差不得超过各台离心机说明书上所规定的范围,每台离心机不同的转头有各自的允许差值,转头中绝对不能装载单数的管子,当转头只是部分装载时,离心管必须互相对称地放在转头中,以便使负载均匀地分布在转头的周围。

② 装载溶液时,要根据各种离心机的具体操作说明进行。根据待离心液体的性质及体

积选用适合的离心管;有的离心管无盖,液体不得装得过多,以防离心时甩出,造成转头不平衡、生锈或被腐蚀;而制备性超速离心机的离心管,则常常要求必须将液体装满,以免离心时塑料离心管的上部凹陷变形。严禁使用显著变形、损伤或老化的离心管。

③ 若要在低于室温的温度下离心,转头在使用前应放置在冰箱或离心机的转头室内预冷。离心机在预冷状态时,离心机盖必须关闭,离心结束后取出转头,将其倒置于实验台上,擦干腔内水,离心机盖处于打开状态。

④ 离心过程中不得随意离开,应随时观察离心机上的仪表是否正常工作,如有异常的声音应立即停机检查,及时排除故障。

⑤ 每个转头各有其最高允许转速和使用累积限时,使用转头时要查阅说明书,不得过速使用。每一转头都要有一份使用档案,记录累积的使用时间,若超过了该转头的最高使用限时,须按规定降速使用。

⑥ 每次使用后,需做好离心机使用记录。必须仔细检查转头,及时清洗、擦干。转头是离心机中需要重点保护的部件,搬动时要小心,不能碰撞,避免造成伤痕;转头长时间不用时,要涂上一层上光蜡保护。

### 6. PCR 仪

运用 PCR(polymerase chain reaction,聚合酶链式反应)技术的主要仪器为 PCR 仪。根据 DNA 扩增的目的和检测的标准,可以将其分为普通 PCR 仪、梯度 PCR 仪、原位 PCR 仪和荧光定量 PCR 仪四类。

(1) 普通 PCR 仪

将一次 PCR 扩增过程运行一个特定退火温度的 PCR 仪,叫普通 PCR 仪。它是实验室传统的 PCR 仪。

(2) 梯度 PCR 仪

在一次 PCR 过程中可以设置一系列不同的退火温度条件(如通常设置 12 种温度梯度),这样的仪器就叫梯度 PCR 仪。因为被扩增的不同 DNA 片段,其最适退火温度不同,通过设置一系列的梯度退火温度进行 DNA 扩增,从而通过一次性 PCR 扩增,就可以筛选出表达量高的最适退火温度,并获得有效的 DNA 扩增。该仪器主要用于研究未知 DNA 退火温度的扩增,这样既减少成本,也节约时间。梯度 PCR 仪在不设置梯度的情况下也可以作为普通 PCR 仪来扩增 DNA。

(3) 原位 PCR 仪

能在组织、细胞内进行 PCR 反应的仪器称为原位 PCR 仪。它能帮助查找病源基因在细胞中的位置或目的基因在细胞内的作用位点等。需保持组织或细胞的完整性,使 PCR 反应体系渗透到组织和细胞中,并在细胞内的靶 DNA 所在的位置上进行基因扩增。利用该仪器,不但可以检测到靶 DNA,又能标出靶序列在细胞内的位置,对于从分子和细胞水平上研究疾病的发病机理、探究临床发病过程及病理转变机理,具有重要的实用价值。

(4) 荧光定量 PCR 仪

在普通 PCR 仪的基础上,增加荧光信号采集系统和计算机分析处理系统,构成荧光定量 PCR 仪。其扩增原理和普通 PCR 仪相同,不同点是加入的引物需标记同位素或荧光素等,使用引物和荧光探针同时与 DNA 模板特异性结合并扩增。扩增的结果可以通过荧光信号采集系统实时采集,到计算机分析处理系统得出量化的实时结果输出,这种 PCR 仪又称实时荧光定量 PCR 仪。荧光定量 PCR 仪有单通道、双通道和多通道。当只用一种荧光探针标记的时候,选用单通道,有多荧光标记的时候用多通道。单通道也可以检测多荧光标记的目的基因表达产物,但因为一次只能检测一种目的基因的扩增量,需多次扩增才能检测到不同的目的基因片段的扩增量。

(5) 操作实例

下面以东胜龙 EDC-810 型基因扩增仪的使用为例进行介绍。图 1-6 为其结构示意图。

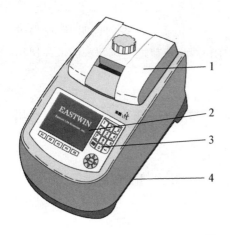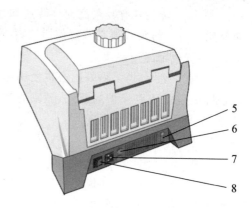

图 1-6　PCR 仪结构示意图

1—模块;2—液晶显示屏;3—操作键盘;4—通风孔;5—熔断器座;

6—RS232 接口;7—电源插座;8—电源开关

1) PCR 仪的功能

包括文件编辑、储存、查看、修改和删除功能,升降温速率调整功能,循环过程温度和时间自动修饰功能,文件运行的各阶段数据的显示功能,暂停文件运行、停止文件运行功能,断电后自动恢复功能,软件升级(标准 RS232 接口)功能,声音提示功能,文件运行总时间和剩余时间估计功能,时间(年、月、日、时、分、秒)显示和校准功能,故障保护和报警功能等。

2) 基本使用方法

① 开机自检,放入样品。

打开电源开关,扩增仪会发出"嘟、嘟"两声,表明电源已接通。此时屏幕将显示"Self testing……",仪器将进行自检。若自检没有发现问题,屏幕将出现主界面。打开热盖,放入样品,合上热盖,拧紧旋钮。

② 编写程序。

首先进入主界面:

* 按"File"键进入文件列表界面。

* 按"System"键进入系统参数设置界面。

如果当前 Control Mode 为 Block 模式,按"Run"键进入文件运行界面。

编辑 PCR 程序:

* 在主界面中按"File"键进入文件列表界面。

* 按"Edit"键可编辑光标所指的文件。

\* 按"New File"键可编辑一个新文件。

\* 按"Delete"键将提示"Confirm delete file?"，按提示信息选择"Delete"或"Back"。

如果当前 Control Mode 为 Block 模式，按"Run"键进入文件运行界面；如果当前 Control Mode 为 Tube 模式，按"Run"键会弹出如下对话框：

Select Sample Volume：050$\mu$l

和主界面相同，可输入样本实际体积（$\mu$l，微升）。按"Back"键返回到文件列表界面；按"Run"键进入文件运行界面。

在主界面可编辑文件的步骤和循环，文件由步骤和循环构成，循环中包含有步骤，循环内的步骤可设置循环次数。按字符键可改变参数设置。按正负键改变正负号。

\* 按"＋Seg."键进入步骤编辑状态。在一步骤中，可依次设置温度（Temp）、持续时间（Time）、升降温速率（Ramp）、每循环温度增量（＋Temp）和每循环时间增量（＋Time）。按"Delete"键将立即删除光标所在一步骤。

\* 按"＋Cycle"键进入循环编辑状态。可依次设置循环数（Cycle×）和循环起始步骤（From ×× to ××）。

\* 重复按"＋Cycle"键可添加循环（最多5个）。按"Delete"键将立即删除当前循环。按光标上下移动键可分别进入前一循环或后一循环。

\* 按"Save"键进入文件保存界面。

\* 按"Back"键退回到文件列表界面。

3）运行程序

文件正常运行时，Now Running 处的"●●●"会不断闪烁。运行结束后，系统将提示"File run over"。

\* 按"Stop"键将提示"Confirm stop running?"

\* 按提示信息选择"Stop"或"Start"。

\* 按"Pause"键将提示"Now pause running"，按提示信息可选择"Start"。如未做出选择，仪器将一直保持在暂停状态，并且开始计时。

\* 按"View File"键可查看已编辑的 PCR 程序。

\* 按"Skip"键可直接跳过目前的温度段，进入下一个温度。

4）注意事项

① 长时间不使用仪器时，应拔下电源插头，并用防尘布遮盖仪器以防止灰尘进入。如果环境相对潮湿，可在仪器通风口处放置袋装干燥剂以防止电路焊点氧化造成接触不良等故障。

② 不要用有机溶剂（如酒精等）擦洗仪器表面，需用中性清洗液擦拭清除污渍。

③ 根据仪器使用频率、使用周期以及使用环境等实际情况，定期为仪器做维护与清理工作。

# 第三章　实验记录、实验报告及实验要求

## 1．实验记录

（1）实验前，每位同学应准备好一本生物化学实验记录本，每次实验都应做好实验过程和实验各种数据的记录；要求字迹清楚，切不可潦草；不要随意撕页和涂改；要用钢笔或圆珠笔做记录，若文字或数据有误，应在其上划两横线，并把正确的填上。

（2）实验过程中应将观察到的现象、分析的数据与结果，以及使用的仪器名称、编号，试剂的名称、浓度和用量，都记录清楚，以便在生物化学实验报告中做分析讨论时，作为必要的参考依据。

（3）实验测定的数据，如质量、体积、分光光度计的读数等，都应准确记录，并根据仪器的精确度准确记录有效数字。

（4）每一个实验结果至少要重复观测两次以上，当符合实验要求并确知仪器工作正常后，再写在记录本上。因为实验记录上的每一个数字，反映每一次的测量结果，所以重复观测时即使数据完全相同也应如实记录下来。

（5）如果发现记录的结果有怀疑、遗漏、丢失等问题，都必须重做实验。如果将不可靠的结果当作正确的记录，在实验工作中可能造成难以估计的损失。因此，在实验过程中要一丝不苟，培养严谨的实验态度和务实的工作作风。

## 2．实验报告

生物化学实验结束后，应及时整理、分析和总结实验结果，并写出生物化学实验报告。生物化学实验报告是本次实验的总结，通过实验报告的书写，以及对实验过程中得出的一些实验现象、数据和结果的分析总结，可以进一步加深对所做过生物化学实验的全面理解，同时也学习分析与处理各种实验数据的方法，培养研究分析的能力。

生物化学实验报告的一般内容包括：

（1）实验名称

（2）实验目的

明确实验要学习、掌握的主要内容。

（3）实验原理

简要叙述生物化学实验的基本原理和方法。

（4）实验器材和试剂

写明实验所需主要器材、仪器；写明选用生物材料的名称或来源所取部位；列出主要的实验试剂名称、浓度或配制方法。

（5）实验操作

写出实际的操作过程，生物化学实验的关键环节一定要写清楚，不要完全照搬实验指导书上的内容。实验步骤可以采用文字、流程图、表格等形式表示，但表述需准确无误，以便让

自己或他人能够重复验证。

（6）结果讨论

根据实验要求，将得到的结果和数据加以整理、归纳、分析和计算，并根据需要以各种图表或数据的形式来表示。如有必要，可以针对生物化学实验结果进行必要的补充说明和分析讨论。

在生物化学实验中出现问题或结果中产生异常现象和数据时，需从实验原理、过程、操作方法、仪器、试剂，以及数据处理正确与否等方面进行全面分析讨论，并提出你的合理判断和见解；可以列出实验操作过程中应注意的事项；也可以对整个生物化学实验设计提出你的改进意见；最后可总结你对本次实验的收获和不足等。

3．实验要求

（1）生物化学实验课前要充分预习，明确本次实验目的、原理、器材和试剂、操作步骤及注意事项等，做好预习。

（2）实验过程中要认真按实验步骤和教师的提示操作，不要盲目地随意动手。

（3）正确使用常用实验器材和仪器，如量筒、量杯、容量瓶、pH 计、移液器、电子天平、分光光度计、离心机、电泳仪、PCR 仪等。注意加强生物化学实验基本技术的训练。

（4）以实事求是、严谨的科学态度如实记录实验结果、现象和数据，认真分析，得出客观的结论。

（5）及时写好生物化学实验报告并按时上交。

# 第二部分 生物化学基础性实验

生物体中除了有水和无机盐之外,活细胞的有机物主要由碳、氢、氧、氮、磷、硫等元素组成,分为生物大分子和生物小分子两大类。前者包括蛋白质(包括酶)、核酸、多糖和以结合状态存在的脂类。后者有维生素、激素、各种代谢中间物以及合成生物大分子所需的氨基酸、核苷酸、单糖、寡糖、脂肪酸和甘油等;除此之外,在不同的生物中还有各种次生代谢物,如萜类、生物碱、毒素、抗生素等。

本部分以最常见的氨基酸及蛋白质类、核酸类、酶类、脂类等生物分子为实验对象,选取一些经典的生物化学实验内容,通过实验使学生掌握生物分子鉴定的最基础的实验原理和方法。

# 第一章 氨基酸及蛋白质类实验

蛋白质(protein)是生物体重要组成部分,是生命体的基础物质之一,构成生物体的蛋白质是由二十种氨基酸(amino acid)根据不同排列组成的多聚物。研究细胞内蛋白质的种类、组成、修饰和相互作用为主要内容的蛋白质组学,以分离纯化、分子改造为主要内容的蛋白质工程是当前生物科学和生物工程发展的热点。这些研究无论多么前沿,都要从蛋白质结构和性质的一些基础实验出发。因此,掌握这些基础实验的原理和思路是非常重要的。

研究或应用蛋白质,无论什么目的,关键的第一步是要将目的蛋白质从大分子混合物中分离出来,并进一步分析其氨基酸组成、蛋白质的结构特征、活性功能等。因此蛋白质的有效分离、纯化、鉴定等方法和技术是研究蛋白质的基础。本章将围绕氨基酸及蛋白质的分析、分离及鉴定介绍相关的实验内容。

## 实验 1 氨基酸双向纸层析

【实验目的】

1. 理解纸层析法分离氨基酸的基本原理。
2. 掌握氨基酸双向纸层析法的基本操作方法。

## 【实验原理】

纸层析是以滤纸作为惰性支持物的分配层析技术(包括吸附和离子交换作用)。纸层析所用的展层溶剂由有机溶剂和水组成。滤纸纤维上的羟基具有亲水性,可吸附溶剂中的水作为固定相,而把有机溶剂作为流动相,其沿滤纸自下向上移动,称为上行层析;反之使有机溶剂自上向下移动,称为下行层析。流动相流经支持物时与固定相之间进行连续抽提,使物质在两相之间不断分配而得到分离。将样品点在滤纸上进行展层时,样品中的各种氨基酸即在流动相中不断进行抽提分配。由于各自的分配系数不同,因此样品中的各种氨基酸在流动相中的移动速率不同,能使混合的氨基酸得到分离和提纯。

氨基酸在滤纸上的移动速率可用比移值 $R_f$ 表示:

$$R_f = \frac{原点到层析斑点中心的距离}{原点到展层溶剂前沿的距离}$$

在一定条件下某种物质的 $R_f$ 值是常数。$R_f$ 值的大小主要决定于该溶质的分配系数。不同物质因其分配系数不同,$R_f$ 值也不同,而相同的物质在同一层析系统中的 $R_f$ 值是相同的。因此,可根据实验测出的 $R_f$ 值参照标准物的 $R_f$ 来判断层析分离的各种成分。此外要注意,样品中的盐分等其他杂质会影响样品的分离效果。

在纸层析中,只用一种溶剂进行一次展层,称为单向层析。若样品中混合物的种类较多,并且彼此间的 $R_f$ 值又相差不大,则单向层析不易将它们分开,此时可考虑用双向层析,即在第一种溶剂展开后晾干,将滤纸旋转90°,以第一次展层所得的线性层析点为原点,再用另一种溶剂系统进行展层,即可达到分离的目的。

无色物质的纸层析图谱可用显色剂或在紫外灯、荧光灯下观察获得。氨基酸纸层析图谱常用的显色剂为茚三酮或吲哚醌。

## 【实验器材和试剂】

### 1.器材

新华一号薄层层析滤纸、点样毛细管及点样架、铅笔、针、线和尺、烧杯、量筒、三角瓶、密闭的层析缸及层析架、一次性手套、吸水纸、喷雾器、电吹风等。

### 2.仪器

恒温干燥箱。

### 3.试剂

(1)氨基酸样品:0.5%的谷氨酸、谷氨酰胺、天冬氨酸、γ-氨基丁酸和丙氨酸混合液溶液及混合氨基酸样品(各组分浓度均为0.5%)。

(2)重结晶茚三酮:茚三酮有时由于包装不好或者放置不当常显微红色,需重结晶后方可使用。将0.5g茚三酮溶于15ml热水,加入0.25g活性炭轻轻搅动,若溶液较浓不易搅动,可酌量加5~10ml热水,加热30min后趁热过滤(用热滤漏斗,以免茚三酮遇冷结晶而损失),将滤液置冰箱内过夜,次日即见黄白色结晶出现,再过滤,以1ml冷水洗涤结晶,置于干燥器中干燥,于棕色瓶中保存。

(3)双向层析溶剂系统:第一相:正丁醇:12%氨水:95%乙醇溶液=13:3:3(V:V:V,二次层析);第二相:正丁醇:80%甲酸:水=15:3:2(V:V:V)。第一相展层用12%氨水作平衡溶剂;第二相展层时,用该相溶剂平衡。展层剂必须新鲜配制并摇匀,每相用量18~20ml。

(4)显色剂:0.1%茚三酮正丁醇溶液。

(5)其他:正丁醇(需重蒸)、95%乙醇溶液、88%甲酸溶液、12%氨水(因氨水易挥发,稀释前需测密度)。

**【实验操作】**

1. **准备**

取新华一号滤纸一张(15cm×15cm),在滤纸上相邻的两边各2cm处用铅笔轻轻画两条线,在线的交点(原点)上点样。

2. **点样**

在原点上,用毛细管点上混合氨基酸样品溶液,晾干后再点一次。点样点在纸上扩散的直径最大不超过0.5cm,否则分离效果不好,样品用量大会造成"拖尾"现象。将点好样品的滤纸两侧边沿对齐,用线缝好,卷成圆筒状(图2-1),注意缝线处纸的两边不能重叠接触。

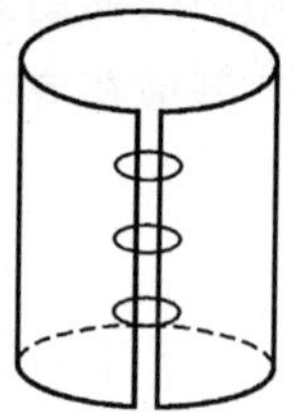

图 2-1　筒状滤纸

3. **第一相展层**

滤纸上的点样点干燥后,将滤纸挂入预先放入展层溶剂的密闭的层析缸中进行层析,滤纸的上端固定,将滤纸上点有样品的一端浸入展层溶剂中,溶剂的液面需低于点样线1cm,以免氨基酸与溶液直接接触。当溶剂展层至距离纸的上沿约1cm时停止展层,取出滤纸,立即用铅笔标出溶剂前沿界线,晾干。用一直尺将原点至溶剂前沿的距离量好,并记录下来。

4. **第二相展层**

经第一相展层后,由于上端未经溶剂走过的滤纸(距纸边约1cm)与已被溶剂走过的部分会形成一条分界线,在进行第二相展层时,此分界线会影响斑点的形状。因此,将滤纸展开后,需先将第一相上端截去约2cm以除去液边,然后将滤纸旋转90°角,以第一相展层所得的层析点为原点,再用第二相展层溶剂进行展层。方法同第一相展层。

5. **显色**

已除去溶剂的层析滤纸用喷雾器均匀喷上25ml 0.1%茚三酮正丁醇溶液,待自然晾干后,置于65℃恒温干燥箱中烘30min,取出或用吹风机热风吹干,使之呈现出紫红色斑点。用铅笔轻轻描出显色斑点的形状。

6. **计算 $R_f$ 值**

用一直尺量出每一显色斑点中心与原点之间的距离和原点至溶剂前沿的距离,计算混合物中各种氨基酸的 $R_f$ 值。对于双向层析 $R_f$ 值可由两个数值组成,即要在第一相计算一次和在第二相再计算一次,分别与标准氨基酸的 $R_f$(参照表2-1中数据和滤纸上氨基酸斑点的位置)进行对比,即可初步确定其为何种氨基酸。

表 2-1　氨基酸的 $R_f$ 值

| 氨基酸名称 | 第一相 $R_f$ 值 | 第二相 $R_f$ 值 |
|---|---|---|
| 天冬氨酸 | 0.02 | 0.19 |
| 谷氨酸 | 0.02 | 0.29 |

| 氨基酸名称 | 第一相 $R_f$ 值 | 第二相 $R_f$ 值 |
| --- | --- | --- |
| 谷氨酰胺 | 0.08 | 0.18 |
| γ-氨基丁酸 | 0.13 | 0.45 |
| 丙氨酸 | 0.20 | 0.46 |

**【注意事项】**

1. 需选用合适、洁净、没有皱折的层析滤纸。

2. 点样斑不能太大(直径应不大于 0.5cm),需防止氨基酸斑点不必要的重叠。吹风机温度不宜过高,以免斑点变黄。

3. 使用茚三酮显色法时,在整个层析操作中,应避免用手接触层析纸,因手上带有少量含氨物质,在显色时也会出现紫色斑点,从而影响层析结果,因此,在操作过程中应戴手套,同时也要防止空气中氨的污染。

4. 需根据一定目的、要求,选择合适的溶剂系统。

**【思考题】**

1. 实验操作过程中,如果用手直接接触层析纸,将出现什么结果?

2. 做好本实验应注意的关键步骤是什么?

3. 影响 $R_f$ 值的因素有哪些?

# 实验 2　蛋白质的两性反应和等电点的测定

**【实验目的】**

1. 理解蛋白质两性解离的性质。

2. 学习一种测定蛋白质等电点的方法。

**【实验原理】**

蛋白质分子是由氨基酸组成的,是典型的两性电解质,带有可解离的氨基($-NH_3^+$)和羧基($-COO^-$),以及酚基、胍基、咪唑基等酸碱基团。其带电的性质和多少取决于蛋白质分子的性质、溶液的酸碱度和离子强度。在蛋白质溶液中存在下列平衡(图 2-2):

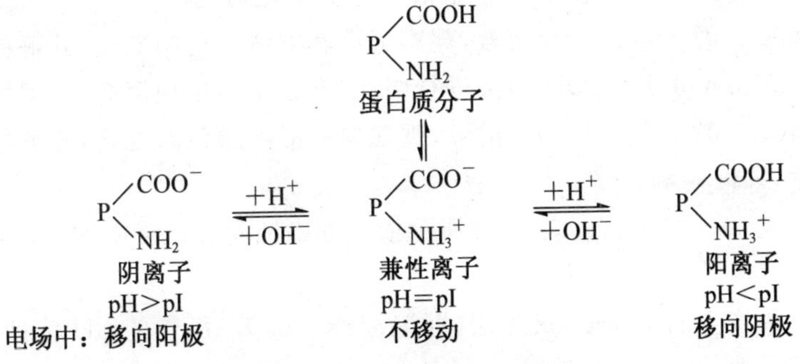

$$P\begin{array}{l}COO^-\\NH_2\end{array} \underset{+OH^-}{\overset{+H^+}{\rightleftharpoons}} P\begin{array}{l}COO^-\\NH_3^+\end{array} \underset{+OH^-}{\overset{+H^+}{\rightleftharpoons}} P\begin{array}{l}COOH\\NH_3^+\end{array}$$

蛋白质分子

阴离子　　　　　　　兼性离子　　　　　　　阳离子
pH>pI　　　　　　　pH=pI　　　　　　　　pH<pI
电场中:移向阳极　　　不移动　　　　　　　　移向阴极

图 2-2　蛋白质溶液的解离平衡

17

蛋白质分子的解离状态和解离程度受溶液的酸碱度影响。当溶液的pH值达到一定的数值时,蛋白质分子所带正、负电荷的数目相等,在电场中,该蛋白质分子既不向阴极移动,也不向阳极移动,此时溶液的pH值称为该蛋白质的等电点(pI)。当溶液的pH值低于蛋白质的等电点时,蛋白质分子带正电荷,为阳离子;当溶液的pH值高于蛋白质的等电点时,蛋白质分子带负电荷,为阴离子。

在等电点,蛋白质的理化性质(如导电性、溶解度、黏度、渗透压等)均降为最低,因此可利用这些性质的变化来测定各种蛋白质的等电点,其中最常用的方法是测其溶解度最低时的溶液pH值。本实验通过采用蛋白质在不同pH值的溶液中形成的溶解度变化和指示剂显色变化来观察其两性解离的现象,并从所形成的蛋白质溶液的浑浊度来确定其等电点,即沉淀出现最多的pH值即为该种蛋白质的等电点值。

**【实验器材和试剂】**

**1. 器材**

试管、滴管、吸量管等。

**2. 试剂**

(1) 0.5%酪蛋白溶液(以0.01mol/L NaOH溶液作溶剂)。

(2) 0.4%酪蛋白乙酸钠溶液:取0.4g酪蛋白,加少量水在研钵中充分地研磨,将所得的蛋白质悬胶液移入200ml的锥形瓶内,用少量45℃左右的温水洗涤研钵,将洗涤液也移入锥形瓶内,加入10ml 1mol/L的乙酸钠溶液。把锥形瓶放到50℃的水浴中,并小心地旋转锥形瓶,直到酪蛋白完全溶解为止。将锥形瓶内的溶液全部移至100ml容量瓶内,加水至刻度定容,充分混匀。

(3) 其他:0.02mol/L HCl溶液、0.02mol/L NaOH溶液、1.0mol/L NaOH溶液、0.01mol/L乙酸溶液、0.1mol/L乙酸溶液、1.0mol/L乙酸溶液、0.01%溴甲酚绿指示剂(变色pH范围:3.5~5.2)。

**【实验操作】**

**1. 蛋白质的两性反应**

(1) 取1支小试管,加0.5%酪蛋白溶液20滴和0.01%溴甲酚绿指示剂6~8滴,混匀,观察溶液呈现的颜色,并解释原因。

(2) 用滴管缓慢加入0.02mol/L HCl溶液,边滴边摇,直至有大量的沉淀产生,此时溶液的pH值最接近酪蛋白的等电点,观察溶液颜色的变化情况。

(3) 继续滴入0.02mol/L HCl溶液,观察沉淀和溶液颜色的变化,并解释原因。

(4) 再滴入0.02mol/L NaOH溶液进行中和,观察是否出现沉淀,并解释原因。

(5) 继续滴入0.02mol/L NaOH溶液,观现象和溶液颜色的变化,并解释原因。

**2. 蛋白质等电点的测定**

取中试管4支,编号1~4,按表2-2所示依次准确地向各试管中加入试剂,加入后立即摇匀。

观察各试管中产生的浑浊度,最浑浊(即沉淀产生最多)那管的pH值即为酪蛋白的等电点。

表 2-2　蛋白质等电点测定加样表

单位：ml

| 试　剂 | 试管编号 | | | |
|---|---|---|---|---|
| | 1 | 2 | 3 | 4 |
| 蒸馏水 | 8.4 | 8.7 | 8.0 | 7.4 |
| 0.01mol/L 醋酸 | 0.6 | — | — | — |
| 0.10mol/L 醋酸 | — | 0.3 | 1.0 | — |
| 1.00mol/L 醋酸 | — | — | — | 1.6 |
| 0.4%酪蛋白醋酸钠溶液 | 1.0 | 1.0 | 1.0 | 1.0 |
| 加一管,摇匀一管 | | | | |
| pH 值 | 5.9 | 5.3 | 4.7 | 3.5 |
| 观察比较其浑浊度,静置 10min 后,再观察比较其浑浊度 | | | | |
| 实验现象 | | | | |

**【思考题】**

1. 什么是蛋白质的等电点?利用蛋白质的沉淀反应测定蛋白质的等电点的原理是什么?
2. 如果用蛋白质的导电性作为观察指标,本实验应如何设计?

# 实验3　蛋白质的沉淀及变性反应

**【实验目的】**

1. 了解蛋白质的沉淀反应、变性和凝固作用的原理及它们之间的相互关系。
2. 加深对蛋白质胶体稳定性因素的理解。

**【实验原理】**

　　水溶液中的蛋白质分子,由于其表面形成了水化层和同性电荷层而成为稳定的亲水胶体颗粒。但是,在一定的理化因素影响下,蛋白质胶体颗粒的稳定条件被破坏了,如失去电荷,脱水,甚至变性,使蛋白质以固体形式从溶液中析出,称为蛋白质的沉淀反应。这种反应可分为可逆沉淀反应和不可逆沉淀反应两种类型。

　　**1. 可逆沉淀反应**

　　蛋白质虽已沉淀析出,但其分子内部结构尚未发生显著的变化,若去除引起沉淀的因素,则沉淀的蛋白质能重新溶于原来的溶液中,并保持其天然结构而不变性。如利用蛋白质的盐析和等电点作用,以及在低温下用乙醇或丙酮短时间处理所产生的蛋白质沉淀,都属于这一类沉淀反应。

　　**2. 不可逆沉淀反应**

　　蛋白质发生沉淀时,若其分子内部空间构象发生了重大改变,包括二硫键被破坏,此时蛋白质已发生变性。这种变性蛋白质的沉淀已不能再溶解于原来的溶液中。

　　引起蛋白质变性的理化因素主要有加热、振荡、超声波、紫外线、X-射线等物理因素,以及重金属离子、植物碱试剂、强酸、强碱、有机溶剂等化学因素。它们都能通过破坏蛋白质的氢键、离子键等次级键而使蛋白质发生不可逆沉淀反应。

有时蛋白质变性后,由于维持溶液稳定的因素仍然存在,并不析出。因此,变性的蛋白质并不都表现为沉淀,而沉淀的蛋白质也未必都发生变性。若变性的蛋白质分子互相凝聚或互相穿插缠绕在一起,的则称为蛋白质的凝固。凝固作用可分为两个阶段:首先是变性,其次是失去规律性的肽链聚集缠绕在一起而凝固或结絮。加热几乎能使所有蛋白质因变性而凝固,变成不可逆的不溶状态。

**【实验器材和试剂】**

1. 器材

试管、锥形瓶、小玻璃漏斗、滤纸、透析袋、玻棒、线绳或透析袋夹、烧杯、量筒等。

2. 仪器

恒温水浴箱。

3. 材料

鸡蛋或鸭蛋。

4. 试剂

(1) 蛋白质溶液:取5ml新鲜鸡蛋清或鸭蛋清,用蒸馏水稀释至100ml,搅拌均匀后用6～8层纱布过滤。须新鲜配制。

(2) 蛋白质氯化钠溶液:取20ml新鲜蛋清,加200ml蒸馏水和饱和100ml氯化钠溶液(加入氯化钠的目的是溶解球蛋白),充分搅匀后,以纱布滤去不溶物。

(3) 其他:硫酸铵粉末、饱和硫酸铵溶液、3%硝酸银溶液、0.5%乙酸铅溶液、10%三氯乙酸溶液、浓盐酸、浓硫酸、浓硝酸、5%磺基水杨酸、0.1%硫酸铜溶液、饱和硫酸铜溶液、0.1%乙酸溶液、10%乙酸溶液、饱和氯化钠溶液、10%氢氧化钠溶液、95%乙醇等。

**【实验操作】**

1. 蛋白质的盐析作用

用大量中性盐使蛋白质从溶液中沉淀析出的过程称为蛋白质的盐析作用。蛋白质是亲水胶体,蛋白质溶液在高浓度中性盐(如硫酸铵、硫酸钠、氯化钠)的影响下,蛋白质分子被中性盐脱去水化层,同时其所带的电荷被中和,结果使蛋白质的胶体稳定性遭到破坏而沉淀析出。析出的蛋白质仍可保持其天然性质,当降低盐浓度时,还能溶解于原来的溶液中。因此,蛋白质的盐析作用是可逆的。

盐的种类或浓度不同,析出的蛋白质也不同。例如,向含有清蛋白和球蛋白的鸡蛋清溶液中加硫酸镁或氯化钠至饱和,则球蛋白沉淀析出;加硫酸铵至饱和,则清蛋白沉淀析出;而球蛋白在半饱和的硫酸铵溶液中析出。因此,在不同的条件下,用不同浓度的中性盐类可将各种蛋白质从混合液中分别沉淀析出,称为蛋白质的分级盐析,常被应用于蛋白质的初步提纯。

取小烧杯1只,加入5ml蛋白质氯化钠溶液和5ml饱和硫酸铵溶液,混匀,静置10min,则析出球蛋白沉淀。转移至离心管,3000r/min离心3min。小心将上清液转移入另一只小烧杯中,向上清液中加入硫酸铵粉末,边加边用玻棒搅拌,直至粉末不再溶解,达到饱和为止,此时析出的沉淀为清蛋白。转移至离心管,3000r/min离心10min,倒去上部清液,向清蛋白沉淀中加少量蒸馏水稀释,观察沉淀是否溶解,留存部分做透析用。

### 2．重金属盐沉淀蛋白质

重金属盐类易与蛋白质结合成稳定的沉淀而析出。蛋白质在水溶液中是两性电解质，若pH值大于等电点，则蛋白质分子带负电荷，能与带正电荷的金属离子结合成蛋白质盐。当加入汞、铅、铜、银等重金属的盐时，蛋白质形成不溶性的盐类而沉淀，并且这种蛋白质不再溶解于水中，说明其已发生了变性。

重金属盐类沉淀蛋白质的反应通常很彻底，因此在生化分析中，常用重金属盐除去体液中的蛋白质，如临床上用蛋白质解除重金属盐引起的食物中毒。但应注意，使用乙酸铅或硫酸铜沉淀蛋白质时，试剂不可加过量，否则容易使已沉淀出的蛋白质重新溶解。

取3支小试管，各加入约1ml蛋白质溶液，分别加入3％硝酸银溶液4～5滴，0.5％乙酸铅溶液1～3滴和0.1％硫酸铜溶液3～4滴，观察沉淀的生成。第一支试管中的沉淀留做透析用，向第二、第三支试管中再分别加入过量的0.5％乙酸铅溶液和饱和硫酸铜溶液，观察沉淀是否再溶解。

### 3．无机酸沉淀蛋白质

浓无机酸（除磷酸外）都能使蛋白质发生沉淀反应。这种沉淀作用可能是蛋白质颗粒脱水的结果。而过量的无机酸（硝酸除外）可使沉淀出的蛋白质重新溶解。在临床诊断上，常利用硝酸沉淀蛋白质的反应来检测尿中蛋白质的存在。

取3支小试管，分别加入浓盐酸15滴，浓硫酸10滴和浓硝酸10滴。小心地向3支试管中沿管壁缓慢加入蛋白质溶液6滴，不要摇动，观察各管内两液面处有白色环状蛋白质沉淀的出现。然后，摇动每支试管，蛋白质沉淀会在过量的盐酸及硫酸中溶解。在含硝酸的试管中，虽经震荡，蛋白质沉淀也不会溶解。

### 4．有机酸沉淀蛋白质

有机酸能使蛋白质沉淀。若pH值小于等电点，则蛋白质分子带正电荷，能与带负电荷的酸根结合，生成不溶性蛋白质盐复合物而沉淀。三氯乙酸和磺基水杨酸是沉淀蛋白质最常用的两种有机酸。

取2支试管，各加入蛋白质溶液约0.5ml，然后分别滴加10％三氯乙酸溶液和5％磺基水杨酸溶液各3～5滴，观察蛋白质的沉淀现象。

### 5．有机溶剂沉淀蛋白质

乙醇、丙酮都是脱水剂，能破坏蛋白质胶体颗粒的水化层，而使蛋白质沉淀。低温时，用乙醇（或丙酮）短时间作用于蛋白质，还可保持蛋白质原有的生物活性；但用乙醇进行较长时间的脱水可使蛋白质发生变性沉淀。

取1支试管，加入蛋白质氯化钠溶液1ml，再加入95％乙醇2ml，混匀，观察沉淀的生成。

### 6．加热沉淀蛋白质

蛋白质可因加热变性沉淀而发生凝固反应，然而盐浓度和氢离子浓度对蛋白质加热凝固有着非常重要的影响。少量盐类能促进蛋白质的加热凝固；当蛋白质处于等电点时，加热凝固最完全，也最迅速；在酸性或碱性溶液中，因蛋白质分子带有正电荷或负电荷，虽加热蛋白质也不会凝固；若同时有足量的中性盐存在，则蛋白质可因加热而凝固。取5支试管，编号1～5，按表2－3所示加入有关试剂。

表 2－3　蛋白质凝固反应加样表

单位：滴

| 试　剂 | 试管编号 | | | | |
|---|---|---|---|---|---|
| | 1 | 2 | 3 | 4 | 5 |
| 蛋白质溶液 | 10 | 10 | 10 | 10 | 10 |
| 0.1％乙酸溶液 | — | — | 5 | — | — |
| 10％乙酸溶液 | — | — | — | 5 | — |
| 10％氢氧化钠溶液 | — | — | — | — | 2 |
| 饱和氯化钠溶液 | — | — | — | 2 | — |
| 蒸馏水 | 7 | 2 | 2 | — | 5 |
| 实验现象 | | | | | |
| 100℃恒温水浴保温 10min | | | | | |
| 实验现象 | | | | | |

最后,将第 3、4、5 号管分别用 10％氢氧化钠溶液或 10％乙酸溶液中和,观察并解释实验现象。

7. 蛋白质可逆沉淀与不可逆沉淀的比较

(1) 在蛋白质可逆沉淀反应中,将用硫酸铵盐析所得的清蛋白沉淀倒入透析袋内,用线绳或透析袋夹扎紧透析袋口,把透析袋浸入盛有蒸馏水的烧杯中进行透析,并不断地用玻棒搅拌,每隔 10min 换一次水,仔细观察透析袋中蛋白质沉淀的变化情况。

(2) 在蛋白质不可逆沉淀反应中,将用硝酸银作用所得到的蛋白质沉淀倒入透析袋内,如前法所示进行透析,观察透析现象并解释原因。

透析约 1h,比较上述两透析袋中蛋白质沉淀所发生的现象,加以解释。

【思考题】

1. 高浓度的硫酸铵对蛋白质溶解度有何影响?

2. 鸡蛋清为什么可用作重金属中毒的解毒剂?

3. 提纯蛋白质时常采用哪种沉淀方法?为什么?

# 实验 4　紫外分光光度法测定蛋白质含量

【实验目的】

1. 掌握紫外分光光度法测定蛋白质含量的原理。

2. 熟悉紫外分光光度计的使用方法。

【实验原理】

由于蛋白质中酪氨酸和色氨酸残基的苯环含有共轭双键,因此蛋白质溶液具有吸收紫外光的性质,吸收高峰在 280nm 波长处。在一定浓度范围内,蛋白质溶液在 280nm 的吸光度($A_{280}$)与其浓度呈正比关系,可做定量测定。紫外分光光度法测定蛋白质的浓度范围为

$0.1 \sim 1.0 \text{g/L}$。

本法简单、灵敏、迅速、不消耗样品，并且低浓度的盐类不干扰测定，因此在蛋白质和酶的生化制备中被广泛应用，特别是在柱层析分离中，常利用 $A_{280}$ 进行紫外检测，来判断蛋白质洗脱的情况。本方法的缺点是对于那些与标准蛋白中酪氨酸、色氨酸含量差异较大的蛋白质，会有一定的误差；并且若样品中含有嘌呤、嘧啶等吸收紫外线的物质，会产生较大的干扰。

由于不同蛋白质中酪氨酸和色氨酸的含量有差异，所处的微环境也不同，所以不同蛋白质溶液在 280nm 处的吸光度也不同。据统计，浓度为 1g/L 的 1800 种蛋白质及蛋白质亚基在 280nm 处的吸光度大约在 $0.3 \sim 3.0$，平均值为 $1.25 \pm 0.51$。

## 【实验器材和试剂】

### 1. 器材

试管、吸量管等。

### 2. 仪器

紫外分光光度计。

### 3. 材料

血清。

### 4. 试剂

(1) 待测蛋白质溶液：取 1.0ml 血清，移入 100ml 容量瓶中，加生理盐水至刻度。

(2) 标准蛋白质溶液：准确称取经凯氏定氮法校正的结晶牛血清白蛋白，配制成浓度为 1mg/ml 的溶液。

## 【实验操作】

### 1. 绘制标准曲线

取 8 支试管，编号 $0 \sim 7$，按表 2-4 所示顺序加入各试剂，用光径为 1cm 的石英比色皿，以 0 号管作为对照于 280nm 处测各管的吸光度（$A_{280}$）。

表 2-4　蛋白质含量紫外分光光度法测定加样表

单位：ml

| 试　剂 | 试管编号 | | | | | | | |
|---|---|---|---|---|---|---|---|---|
| | 0 | 1 | 2 | 3 | 4 | 5 | 6 | 7 |
| 1.0mg/ml 标准蛋白质溶液 | — | 0.5 | 1.0 | 1.5 | 2.0 | 2.5 | 3.0 | 4.0 |
| 蒸馏水 | 4.0 | 3.5 | 3.0 | 2.5 | 2.0 | 1.5 | 1.0 | — |
| 蛋白质浓度(mg/ml) | 0 | 0.125 | 0.250 | 0.375 | 0.500 | 0.625 | 0.750 | 1.000 |
| $A_{280}$ | | | | | | | | |

### 2. 测定样品

取 1 支试管，加待测蛋白质溶液 1.0ml，用 3.0ml 蒸馏水稀释混匀，在 280nm 处测吸光度。

### 3. 计算

以吸光度对蛋白质含量绘制标准曲线，然后利用未知样品的吸光度，求其蛋白质含量。

**【思考题】**

简述紫外分光光度法测定蛋白质含量的优点与缺点。

# 实验5　双缩脲法测定蛋白质含量

**【实验目的】**

熟悉双缩脲法测定蛋白质含量的原理和方法。

**【实验原理】**

双缩脲(biuret)反应是蛋白质所特有,而氨基酸所没有的一种特异性颜色反应。蛋白质含有多个肽键,可发生双缩脲反应。双缩脲,是两分子尿素经180℃加热,释放出一分子氨后得到的产物($NH_2CONHCONH_2$)。在碱性溶液中,蛋白质与$Cu^{2+}$形成紫红色的络合物,可在540nm处比色测定,在一定范围内,其颜色的深浅与蛋白质浓度呈正比,而与蛋白质相对分子质量及氨基酸成分无关,故可用来测定蛋白质含量。本方法测定范围为1～10g/L蛋白质浓度。

此法的优点是较快速,干扰物质少。主要的缺点是灵敏度差。

**【实验器材和试剂】**

1. 器材

试管、吸量管等。

2. 仪器

可见分光光度计。

3. 试剂

(1) 标准蛋白质溶液:用标准的结晶牛血清白蛋白(BSA)或标准酪蛋白配制成10mg/L的标准蛋白质溶液,可用1mg/ml BSA溶液的$A_{280}$(0.66)来校正其纯度。BSA溶液用蒸馏水或0.9% NaCl溶液配制。如果蛋白质不易溶解,可加热或放置过夜以助溶。

(2) 双缩脲试剂:称1.5g硫酸铜($CuSO_4 \cdot 5H_2O$)和6.0g酒石酸钾钠($NaKC_4H_4O_6 \cdot 4H_2O$),用500ml水溶解,边搅拌边加入300ml 10% NaOH溶液,用水稀释至1L,储存于塑料瓶中(或内壁涂以石蜡的瓶中)。此试剂可长期保存。若瓶中出现黑色沉淀,则需要重新配制。

**【实验操作】**

1. 绘制标准曲线

取6支试管,编号1～6,按表2-5所示顺序加入各试剂,在540nm处测定$A$值。以溶液中蛋白质浓度为横坐标,$A_{540}$为纵坐标作标准曲线。

2. 测定样品

取2支试管,编号7、8,按表2-5所示顺序加入各试剂,于540nm处测定$A_{540}$值。

表 2-5 双缩脲反应加样表

单位：ml

| 试 剂 | 试管编号 | | | | | | | |
|---|---|---|---|---|---|---|---|---|
| | 1 | 2 | 3 | 4 | 5 | 6 | 7 | 8 |
| 5g/L 标准蛋白质溶液 | — | 0.4 | 0.8 | 1.2 | 1.6 | 2.0 | — | — |
| 未知样品 | — | — | — | — | — | — | 1.0 | 1.0 |
| 蒸馏水 | 2.0 | 1.6 | 1.2 | 0.8 | 0.4 | — | 1.0 | 1.0 |
| 双缩脲试剂 | 4.0 | 4.0 | 4.0 | 4.0 | 4.0 | 4.0 | 4.0 | 4.0 |
| | 混匀,室温(20~25℃)下静置 15min | | | | | | | |
| $A_{540}$ | | | | | | | | |

【注意事项】

1. 若样品浓度超过 10mg/ml,需适当稀释。

2. 若样品中含有大量脂类物质,30min 后会产生雾状沉淀,应于显色后 30min 内比色完毕。

3. 双缩脲反应不是蛋白质特有的颜色反应,凡是含有两个或两个以上肽键的物质均会干扰此反应。

【思考题】

双缩脲法的特点是什么?

# 实验 6　福林-酚试剂法测定蛋白质含量

【实验目的】

1. 掌握福林-酚试剂法测定蛋白质含量的原理及操作方法。

2. 了解福林-酚试剂法测定蛋白质含量的优缺点。

【实验原理】

此方法是在双缩脲法的基础上发展起来的。蛋白质中含有带酚基的酪氨酸和色氨酸,能与酚试剂中的磷钼酸-磷钨酸起氧化还原反应。反应过程分为两步。第一步:在碱性溶液中,蛋白质分子中的肽键与碱性铜试剂中的 $Cu^{2+}$ 作用生成蛋白质-$Cu^{2+}$ 复合物;第二步:蛋白质-$Cu^{2+}$ 复合物中所含的酪氨酸或色氨酸残基还原酚试剂中的磷钼酸和磷钨酸,生成蓝色的化合物(磷钼蓝和磷钨蓝混合物)。该呈色反应在 30min 内即接近极限,并且在一定浓度范围内,蓝色的深浅度与蛋白质浓度呈线性关系,故可用比色的方法测定蛋白质的含量。

酚试剂法操作简便,灵敏度高,样品中蛋白质含量高于 $25\mu g/ml$ 即可测得,是测定蛋白质含量应用得最广泛的方法之一,但实验耗时较长。

【实验器材和试剂】

1. 器材

试管、吸量管等。

2. 仪器

可见分光光度计。

3. 材料

血清。

4. 试剂

（1）酪蛋白标准液（1.0mg/ml）：准确称取酪蛋白1.0g，用0.01mol/L NaOH溶液溶解，加蒸馏水稀释至1000ml。

（2）碱性铜溶液：使用时取以下A液50ml及B液1.0ml混合。它须临用前配制，仅供当天使用。

A. 称取2g碳酸钠（$Na_2CO_3$），溶于100ml 0.1mol/L NaOH溶液中。

B. 称取0.5g硫酸铜（$CuSO_4 \cdot 5H_2O$），溶于100ml 1%酒石酸钾溶液中。

（3）酚试剂：称取100g钨酸钠（$Na_2WO_4 \cdot 2H_2O$）、25g钼酸钠（$Na_2MoO_4 \cdot 2H_2O$），溶于700ml蒸馏水中，再加50ml 85% $H_3PO_4$溶液和100ml浓盐酸，充分混匀，置于1500ml圆底磨口烧瓶中温和回流约10h。再加150g硫酸锂、50ml水及溴水数滴，开着瓶口继续沸腾15min，以去除多余的溴。冷却后稀释至1000ml。此溶液应呈金黄色或黄色，置于棕色瓶中于冰箱中保存。临用前用1.0mol/L NaOH溶液滴定（以酚酞为指示剂。酚酞指示剂要多加些，才容易观察滴定终点），按滴定结果稀释，使终浓度达到1mol/L。

【实验操作】

1. 制备待测血清

取0.1ml血清置于50ml容量瓶中，再加蒸馏水至刻度，作为稀释了500倍的待测血清样品液。

2. 绘制标准曲线及测定血清蛋白

取中试管7支，编号为0～6，按表2-6所示操作。

表2-6 酚试剂法加样表

单位：ml

| 试 剂 | 试管编号 | | | | | | |
|---|---|---|---|---|---|---|---|
| | 0 | 1 | 2 | 3 | 4 | 5 | 6 |
| 酪蛋白标准液 | — | 0.1 | 0.2 | 0.3 | 0.4 | 0.5 | — |
| 蒸馏水 | 1.0 | 0.9 | 0.8 | 0.7 | 0.6 | 0.5 | — |
| 样品液（稀释500倍） | — | | | | | | 1.0 |
| 碱性铜溶液 | 5.0 | 5.0 | 5.0 | 5.0 | 5.0 | 5.0 | 5.0 |
| 混匀各管，于室温放置20min | | | | | | | |
| 酚试剂 | 0.5 | 0.5 | 0.5 | 0.5 | 0.5 | 0.5 | 0.5 |
| 混匀；30min后，以0号管为空白对照，于波长650nm处测定吸光度 | | | | | | | |
| 蛋白质浓度/（mg/ml） | 0 | 0.1 | 0.2 | 0.3 | 0.4 | 0.5 | |
| $A_{650}$ | | | | | | | |

注：各管加入酚试剂后，迅速摇匀，不应出现浑浊。

根据以上测定数据,以蛋白质浓度(mg/ml)为横坐标、吸光度 $A_{650}$ 为纵坐标,绘制标准曲线。利用标准曲线,求血清蛋白质含量。

3. 计算

按下式计算血清蛋白质含量:

$$血清蛋白质含量(mg/ml) = \frac{A_测}{A_标} \times c_标(mg/ml) \times 样品的稀释倍数$$

注:本实验中待测血清的稀释倍数为 500。

**【注意事项】**

由于酚试剂仅在酸性条件下稳定,但是上述还原反应只在 pH 10 的情况下发生,所以当酚试剂加到碱性铜和蛋白质溶液中时必须立刻混匀,以便在酚试剂被破坏之前,还原反应即能发生。

**【思考题】**

1. 酚试剂法测定蛋白质浓度的原理是什么?

2. 酚试剂法测定蛋白质浓度有何优缺点?

# 实验 7 考马斯亮蓝染色法测定蛋白质含量

**【实验目的】**

1. 了解考马斯亮蓝 G—250 染色法的原理。

2. 学习考马斯亮蓝 G—250 染色法的操作技术。

**【实验原理】**

此方法是由 Bradford 在 1976 年建立的。考马斯亮蓝 G—250 是一种染料,在酸性溶液中为棕红色,最大吸收峰在 465nm 处,当它与蛋白质通过疏水作用结合后,则变成深蓝色,最大吸收峰变为在 595nm 处。蛋白质含量在 $1\sim1000\mu g$ 范围内,蛋白质-染料复合物在 595nm 处的吸光度与蛋白质含量呈正比,故可用比色法测定。蛋白质-染料复合物具有很高的吸光度,因此大大提高了蛋白质测定的灵敏度,最低检出量为 $1\mu g/ml$ 蛋白。染料与蛋白质结合迅速,大约为 2min,结合物的颜色在 1h 内稳定。因此,本方法反应快,操作简单,消耗样品量少。但是不同蛋白质之间差异较大,且标准曲线线性较差。测定蛋白质的浓度范围为 $0.01\sim1.0g/L$。

高浓度的 Tris、EDTA、尿素、甘油、蔗糖、丙酮、硫酸铵、去垢剂等对测定有干扰。考马斯亮蓝染色能力很强,比色杯不洗净会影响吸光度。注意不能使用石英比色杯。

**【实验器材和试剂】**

1. 器材

试管、吸量管等。

2. 仪器

可见分光光度计。

3. 材料

未知蛋白质样品。

4. 试剂

（1）标准蛋白质溶液：0.1mg/ml 或 1.0mg/ml 牛血清白蛋白溶液。

（2）染色液：称取 100mg 考马斯亮蓝 G-250 溶于 50ml 95％乙醇中，加 100ml 85％磷酸，加水稀释至 1000ml。该染色液可保存数月；若不加水可长期使用，临用前再稀释。

【实验操作】

1. 绘制标准曲线

取试管 6 支，编号 1～6，按表 2-7 所示顺序加入各试剂，并于 595nm 处测定其 $A_{595}$ 值。

表 2-7　考马斯亮蓝染色加样表

| 试　剂 | 试管编号 | | | | | | | |
|---|---|---|---|---|---|---|---|---|
| | 1 | 2 | 3 | 4 | 5 | 6 | 7 | 8 |
| 1.0mg/L 标准蛋白质溶液/μl | — | 10 | 20 | 30 | 40 | 50 | — | — |
| 未知样品/μl | — | — | — | — | — | — | 50 | 50 |
| 染色液/ml | 3 | 3 | 3 | 3 | 3 | 3 | 3 | 3 |
| 混匀，置室温(20～25℃)15min | | | | | | | | |
| $A_{595}$ | | | | | | | | |

2. 测定样品

取 2 支试管，编号 7、8，按表 2-7 所示顺序加入各试剂，并于 595nm 处测定其 $A_{595}$ 值，然后从标准曲线上查得与其相对应的蛋白质浓度。

【思考题】

考马斯亮蓝 G-250 染色法测定蛋白质含量的优缺点有哪些？

# 实验 8　乙酸纤维素薄膜电泳分离血清蛋白

【实验目的】

1. 理解电泳的一般原理，掌握乙酸纤维素薄膜电泳的操作技术。

2. 学习测定人血清中各种蛋白质的相对百分含量的方法。

3. 了解乙酸纤维素薄膜进行电泳的优点和使用范围。

【实验原理】

血清中含有清蛋白、α-球蛋白、β-球蛋白、γ-球蛋白和各种脂蛋白等，等电点多低于 pH 7.5，因此在 pH 比其等电点高的缓冲液（pH 8.6）中，均解离成负离子，在电场中向正极方向移动。各种蛋白质由于其氨基酸组分、立体构象、相对分子质量、等电点及形状不同（表 2-8），在电场中的迁移速度也不用，因此可利用电泳将它们进行分离。在相同 pH 值的碱性缓冲体系中，相对分子质量越小、带电荷越多的蛋白质颗粒在电场中的迁移速度越快。另外，电场强度、溶液的 pH 值、离子强度及电渗等因素也会影响蛋白质颗粒在电场中的迁移速度。

表 2-8　人血清中几种蛋白质的等电点及相对分子质量

| 蛋白质名称 | 等电点(pI) | 相对分子质量 |
| --- | --- | --- |
| 清蛋白 | 4.88 | 69000 |
| α-球蛋白 | 5.06 | $α_1$：200000 |
| | | $α_2$：300000 |
| β-球蛋白 | 5.12 | 90000～150000 |
| γ-球蛋白 | 6.85～7.50 | 156000～300000 |

　　本实验采用乙酸纤维素薄膜为电泳支持物,用于分离各种血清蛋白质。正常人血清蛋白质在 pH 8.6 的巴比妥-巴比妥钠缓冲液中电泳 1h 左右,用蛋白染色剂染色后可显 5 条区带。清蛋白泳动最快,其余依次为 $α_1$-、$α_2$-、β-及 γ-球蛋白(图 2-3)。由于蛋白质的量与结合的染液量基本成正比,因此这些区带经洗脱液洗脱后可用分光光度法定量测定,也可直接用光密度扫描仪自动绘出区带吸收峰及计算相对含量。

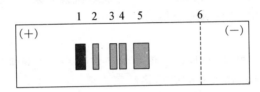

图 2-3　正常人血清乙酸纤维素薄膜电泳图

1—清蛋白;2—$α_1$-球蛋白;3—$α_2$-球蛋白;4—β-球蛋白;5—γ-球蛋白;6—点样原点

　　乙酸纤维素薄膜具有强透水性,对分子移动几乎无阻力。以该薄膜作为区带电泳的支持物进行蛋白电泳有简便快速、样品用量少、应用范围广、条带清晰、没有吸附现象等优点,目前广泛用于血清蛋白、脂蛋白、血红蛋白、糖蛋白和同工酶等的分离及免疫电泳等。

【实验器材和试剂】

　　1. 器材

　　乙酸纤维素薄膜(2cm×8cm)、培养皿、解剖镊及竹夹子、点样器或盖玻片(厚 1cm)、直尺和铅笔、玻璃板、试管、微量吸管、吹风机、单面刀片、玻棒、滤纸等。

　　2. 仪器

　　可见分光光度计、自动光密度扫描仪、薄膜电泳仪及电泳槽。

　　3. 材料

　　未溶血的人或动物的血清。

　　4. 试剂

　　(1) 巴比妥-巴比妥钠缓冲液(0.07mol/L,pH 8.6):称取 1.66g 巴比妥和 12.76g 巴比妥钠,置于三角烧瓶中,加蒸馏水约 600ml,稍加热溶解,冷却后用蒸馏水定容至 1000ml。置于 4℃保存备用。

　　(2) 染色液(0.5% 氨基黑 10B):称取 0.5g 氨基黑 10B,加 40ml 蒸馏水、50ml 甲醇、10ml 冰醋酸,充分混匀溶解后置具塞试剂瓶内储存。

（3）漂洗液：取 45ml 95％乙醇、5ml 冰醋酸和 50ml 蒸馏水，混匀后置于具塞试剂瓶中储存。

（4）透明液（须临用前配制）：取 25ml 冰醋酸、75ml 无水乙醇，混匀后置试剂瓶内，塞紧瓶塞，备用。

（5）保存液：液体石蜡。

（6）定量洗脱液（0.4mol/L NaOH 溶液）：称取 16g 氢氧化钠，用少量蒸馏水溶解后定容至 1000ml。

**【实验操作】**

1. 仪器的准备

（1）电泳槽的准备

根据电泳槽膜支架的宽度，剪裁大小合适的滤纸条。在两个电极槽中，各倒入等体积的巴比妥-巴比妥钠电泳缓冲液，在电泳槽的两个膜支架上各放两层滤纸条，使滤纸一端的长边与支架前沿对齐，另一端则浸入电泳缓冲液内。当滤纸条全部润湿后，用玻棒轻轻挤压贴在膜支架上的滤纸以驱赶气泡，使滤纸的一端能紧贴在膜支架上。滤纸条是两个电极槽联系乙酸纤维素薄膜的桥梁，故称为滤纸桥。

（2）电泳槽的平衡

用平衡装置连接两个电泳槽，使两个电泳槽内的电泳缓冲液均处于同一水平状态，一般需平衡 15～20min。取出平衡装置时必须将活塞关紧。

2. 薄膜的准备及点样

（1）乙酸纤维素薄膜的润湿与选择

用竹夹子取一片乙酸纤维素薄膜（2cm×8cm），将薄膜有光泽面向下小心地漂浮于盛有巴比妥-巴比妥钠电泳缓冲液的平皿中，使其自然吸水。若漂浮于缓冲液中的薄膜在 30s 内迅速润湿，整条薄膜色泽深浅一致，则表示此薄膜厚薄质地均匀，可用于电泳；若薄膜润湿缓慢，有白色条纹或有斑点等，则表示薄膜厚薄不均匀，应弃去，以免影响电泳结果。将选好的薄膜用竹夹子轻压，使其完全浸泡于缓冲液中约 20min 后，方可用于电泳。

（2）点样模板的制备

取一张干净滤纸（10cm×10cm），在距纸边 1.5cm 处用铅笔划一平行线，此线为点样标记区。

（3）点样

用竹夹子取出浸透的薄膜，轻轻夹在两层滤纸间以吸去多余的缓冲液。无光泽面向上平放在点样模板上，使其底边与滤纸模板（标记）底边对齐。点样区位于距阴极约 1.5cm 处。点样时，先用玻棒或微量吸管吸取 2～3μl 血清，均匀涂在点样器上或干净的盖玻片上，再将点样器或盖玻片轻轻印在薄膜的点样区内。如图 2-4 所示，使血清完全渗透至薄膜内，形成宽度一定、粗细均匀的直线。此步骤非常关键，点样前应在滤纸上反复练习，掌握正确的点样技术。

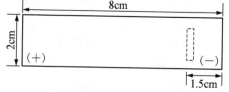

图 2-4　薄膜点样位置示意图

3. 电泳

用竹夹子将点样端的薄膜平贴在阴极电泳槽支架的滤纸桥上（点样面朝下，切勿使点样处与电泳槽接触），另一端平贴在阳极端支架上，如图 2-5 所示。要求薄膜紧贴滤纸桥并绷直，中间不能下垂。若电泳槽中同时安放几张薄膜，则薄膜之间应相隔几毫米。盖上电泳槽盖，使薄膜平衡 5～6min。

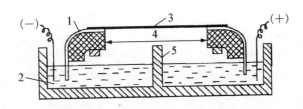

图 2-5　电泳装置示意图

1—滤纸桥；2—电泳槽；3—乙酸纤维素薄膜；4—电泳槽膜支架；5—电极室中央隔板

用导线将电泳槽的正、负极与电泳仪的正、负极分别连接。在室温下电泳，电压 100～120V，电泳时间约 60min。

**4. 染色与漂洗**

电泳完毕后，关闭电源，用竹夹子取出电泳后的薄膜，直接浸在含 0.5％氨基黑 10B 染色液的培养皿中，浸染 5～10min。取出后用漂洗液浸洗脱色，连续数次，直至背景蓝色完全褪尽。取出薄膜放在滤纸上，自然干燥或用吹风机的冷风将薄膜吹干。

**5. 绘制电泳图谱**

仔细观察电泳区带，并绘制电泳图谱。

**6. 透明**

将脱色吹干后的薄膜浸入透明液中约 3min，取出后立即紧贴于干净玻璃板上，两者间不能有气泡，约 2～3min 薄膜便完全透明，若透明太慢可用滴管取少许透明液在薄膜表面淋洗一次，竖直放置使其自然干燥，或用吹风机冷风吹干且无酸味，再将玻璃板放在流动的自来水下冲洗，待薄膜完全润湿后用单面刀片撬开薄膜的一角，用手轻轻将透明的薄膜取出，用滤纸吸干所有的水分，最后将薄膜置液体石蜡中浸泡约 3min，再用滤纸吸干液体石蜡，将其压平，此薄膜透明，区带着色清晰，可用于光密度扫描。也可长期保存不褪色。

**7. 结果判断与定量**

一般血清蛋白电泳经蛋白染色剂染色后，可显示 5 条区带。未经透明处理的电泳图谱可直接用于定量测定。可采用洗脱法或光密度扫描法，测定各蛋白组分的相对百分含量。

**（1）洗脱法**

剪下显色后的各蛋白区带，并在阴极端剪一块与清蛋白区带面积相同的薄膜作为空白对照，分别放在试管中，在含清蛋白区带及空白膜的试管中，加入 4ml 0.4mol/L NaOH 溶液，其余各管加入 2ml，充分摇匀后，用可见分光光度计在 620nm 波长处比色，测定各组分的吸光度，按顺序标以 $A_清$、$A_{\alpha_1}$、$A_{\alpha_2}$、$A_\beta$、$A_\gamma$。按下列方法计算各血清蛋白质组分所占的百分率。

① 先计算吸光度总和（简写为 $T$）：

$$T = 2 \times A_清 + A_{\alpha_1} + A_{\alpha_2} + A_\beta + A_\gamma$$

② 再计算血清中各组分质量分数：

计算公式 正常值

$$清蛋白的质量分数 = \frac{2 \times A_清}{T} \times 100\%$$ 54%～73%

$$\alpha_1-球蛋白的质量分数 = \frac{A_{\alpha_1}}{T} \times 100\%$$ 2.78%～5.1%

$$\alpha_2-球蛋白的质量分数 = \frac{A_{\alpha_2}}{T} \times 100\%$$ 6.3%～10.6%

$$\beta-球蛋白的质量分数 = \frac{A_\beta}{T} \times 100\%$$ 5.2%～11%

$$\gamma-球蛋白的质量分数 = \frac{A_\gamma}{T} \times 100\%$$ 12.5%～20%

**（2）光密度扫描法**

将染色干燥的血清蛋白乙酸纤维素薄膜电泳图谱放入自动光密度扫描仪（或色谱扫描仪）内，未透明的薄膜用反射方式，透明的薄膜用透射方式进行扫描，在记录仪上可自动绘制出各组分的曲线图，横坐标为膜的长度，纵坐标为吸光度，每个峰代表一种蛋白组分。同时还可进行数据处理，以数字的方式显示各组分的相对百分含量。目前临床检验中多采用此法来处理数据。

**【注意事项】**

1. 乙酸纤维素薄膜的预处理

市售乙酸纤维素薄膜均为干膜片，薄膜的质量是电泳成败的关键之一。将干片漂浮于电泳缓冲液表面，其目的是选择膜片厚薄及均匀度，如漂浮 15～30s 后，膜片吸水仍不均匀，有白色斑点或呈条纹状，则提示膜片厚薄、紧密不匀，应弃去不用，以免造成电泳后区带扭曲，界线不清，背景脱色困难，结果难以重复。由于乙酸纤维素薄膜亲水性比纸小，浸泡 20min 以上是保证膜片上有一定量的缓冲液，并使其恢复到原来多孔的网状结构。最好是让漂浮于缓冲液中的薄膜吸满缓冲液后自然下沉，这样可将膜片上聚集的小气泡赶走。点样时，应将膜片表面多余的缓冲液用滤纸吸去，以免缓冲液太多引起样品扩散。但也不能吸得太干，太干则使样品不易进入薄膜的网孔内，造成电泳起始点参差不齐，从而影响分离效果。因此，吸水量以不干不湿为宜。为防止指纹污染，取膜时，应戴手套或用夹子。

2. 缓冲液的选择

乙酸纤维素薄膜电泳常选用 pH 8.6 的巴比妥-巴比妥钠缓冲液，其浓度为 0.05～0.09mol/L。选择何种浓度与薄膜的厚薄、长度和宽度有关。在选择时，先初步定下某一浓度，若电泳槽两极之间的膜长度为 8～10cm，则需电压 25V/cm 膜长，电流强度为 0.4～0.5mA/cm 膜宽。如果电泳时达不到或超过这个值，则需增加缓冲液浓度或进行稀释，若缓冲液浓度过低，则区带泳动速度过快，并由于扩散而变宽；若缓冲液浓度过高，则区带泳动速度减慢，区带分布过于集中，条带不易分辨。

3. 加样量的选择及点样

加样量的多少与电泳条件、样品的性质、染色方法与检测手段灵敏度密切相关。一般情况下，检测方法越灵敏，加样量则越少，对分离更有利。如加样量过大，则电泳后区带分离不清楚,甚至互相干扰,染色也较费时。如电泳后洗脱法定量时,1cm 加样线上需加样品 $0.1\sim5\mu l$,相当于 $5\sim100\mu g$ 蛋白。血清蛋白常规电泳分离时,1cm 加样线加样量一般不超过 $1\mu l$,相当于 $60\sim80\mu g$ 的蛋白量,但进行糖蛋白和脂蛋白电泳时,加样量应相应增多,对每种样品的加样量均应先做预实验加以选择。

点样技术的好坏是获得理想图谱的重要环节之一。以印章法加样时,动作应轻、稳,用力不能太重,以免将薄膜弄破、拉毛或印出凹陷而影响电泳区带的分离效果。

### 4. 电量的选择

电泳过程应选择合适的电流强度,一般电流强度为 $0.4\sim0.5mA/cm$ 膜宽。若电流强度高,则热效应高,尤其是在温度较高的环境中,可引起蛋白质变性或由于热效应引起缓冲液中水分蒸发,使缓冲液浓度增加,造成膜片干涸。而电流过低,则样品泳动速度慢且易扩散。

### 5. 染色液及染色时间的选择

对乙酸纤维素薄膜电泳后的染色,应根据样品的特点加以选择。其原则是染料对被分离的样品有较强的着色力,并且背景易脱色。应尽量采用水溶性染料,不宜选用醇溶性染料,以免引起薄膜的溶解。

应控制染色时间。时间太长,则薄膜底色不易脱去,造成区带不清;时间太短,则着色浅、不易区分,或造成区带染色不均匀。必要时可进行复染。

### 6. 透明及保存

透明液应临用前配制,以免冰醋酸及乙醇挥发而影响透明效果。透明前,薄膜应完全干燥,并且透明时间应掌握好,如在透明液中浸泡时间太长则使薄膜溶解,太短则透明度不佳。

透明后的薄膜须完全干燥后才能浸入液体石蜡中,使薄膜软化。如有水,则液体石蜡不易浸入,薄膜不易展平。

【思考题】

1. 电泳法为何能分离血清蛋白各个组分?
2. 简述乙酸纤维素薄膜电泳的原理及优点。

# 实验9　离子交换层析分离混合氨基酸

【实验目的】

1. 掌握离子交换树脂层析的工作原理和操作技术。
2. 学习用离子交换层析分离混合氨基酸。

【实验原理】

离子交换层析是基于待测物质的阳离子或阴离子和相对应的离子交换剂间的静电结合,即根据物质的酸碱性、极性等差异,通过离子间的吸附和解吸的原理将溶液中各组分分开。带有正离子基团的离子交换剂,因为能结合各种负离子物质,被称为阴离子交换剂;相反,带有负离子的离子交换剂被称为阳离子交换剂。离子交换层析是根据物质的解离性质的差异而选择不同的离子交换剂进行分离的方法。

由于不同物质所带电荷不同,其对离子交换剂的亲和力也不同。通过改变洗脱液的 pH 值或离子强度,就可使这些组分按亲和力大小的顺序依次从层析柱上洗脱下来。

氨基酸是两性电解质,分子上的净电荷取决于氨基酸的等电点和其所处溶液的 pH 值。当溶液的 pH 值小于其 pI 时,带正电;大于其 pI 时,带负电。故在一定的 pH 值下,由于不同氨基酸带电情况不同,物质所带电荷的大小不同,其对离子交换树脂就会有不同的亲和力,因而得到分离。

本实验采用含磺酸基团的阳离子交换树脂作为离子交换剂分离酸性氨基酸 Asp、中性氨基酸 Ala 及碱性氨基酸 Lys 的混合液。在特定的 pH 值条件下,他们的解离程度不同,因此可通过改变洗脱液的 pH 或离子强度分别洗脱分离。

**【实验器材和试剂】**

1. 器材

层析柱(1.2cm×19cm)、恒流泵、分步收集器、刻度试管、烧杯、吸量管、乳胶管等。

2. 仪器

恒温水浴箱、可见分光光度计。

3. 材料

待测样品液:称取 13.3mg Asp、16.5mg Ala、14.6mg Lys,分别溶于 10ml 0.06mol/L 柠檬酸钠缓冲液(pH 4.2)中,混匀后置于冰箱中保存。

4. 试剂

(1) 732 型阳离子交换树脂。

(2) 洗脱液(0.06mol/L 柠檬酸钠缓冲液,pH 4.2):称取 98.0g 柠檬酸三钠溶于蒸馏水中,再加入 42ml 浓盐酸,调 pH 至 4.2,加蒸馏水至 5L。

(3) 茚三酮显色剂:称取 0.5g 茚三酮溶于 100ml 95% 乙醇中。

(4) 其他:醋酸缓冲液(pH 5.4)、0.1mol/L NaOH 溶液、2mol/L NaOH 溶液、2mol/L HCl 溶液、0.1% $CuSO_4$ 溶液。

**【实验操作】**

1. 树脂的处理

干树脂经蒸馏水充分浸泡膨胀后,倾去细小颗粒(因为颗粒大小不均一将影响分离精度),然后用 4 倍体积的 2mol/L HCl 溶液和 2mol/L NaOH 溶液依次浸洗,每次约浸 2h,并分别用蒸馏水洗至中性。再用柠檬酸钠缓冲液浸泡备用。

2. 装柱

用蒸馏水冲洗层析柱,并垂直装好层析柱,在柱流水出口处装上乳胶管,关闭层析柱出口。空柱内加入柠檬酸钠缓冲液至约 1cm 高。缓慢打开出口,连续不断地加入树脂直至树脂沉积达 8cm 高。装柱要求连续,均匀,无分层,无气泡,表面平整,必须注意液面不得低于树脂表面,否则要重新装柱。

3. 平衡

层析柱装好后,沿管壁缓慢加入柠檬酸钠缓冲液,接上恒流泵,用柠檬酸钠缓冲液以 0.5ml/min 的速度平衡,直至用 pH 试纸测得流出液的 pH 与缓冲液的 pH 相等为止,关闭柱底出口(需 2~3 倍柱床体积)。

4. 加样

移去层析柱上的盖子,待柱内液体流至树脂表面上 1.0~2.0mm 时关闭出口。马上沿管壁四周用加样器小心加入 0.5ml 氨基酸混合样品液,慢慢打开出口,使液面降至与树脂面相平后关闭,要防止液面流到树脂面以下。加少量柠檬酸钠缓冲液清洗内壁两三次,使样品进入柱内,加缓冲液至液层高 3～4cm,接上恒流泵。加样时切勿破坏树脂平面。

5. 洗脱

用柠檬酸钠缓冲液洗脱,洗脱速度为 0.5ml/min。用自动分步收集器或用刻度试管人工收集洗脱液,每管 4ml,20 管。收集试管顺序编号,作为洗脱液体积。

6. 测定与洗脱曲线的绘制

分别取各管洗脱液 1ml,加入醋酸钠缓冲液 1ml、茚三酮显色液 1ml,混匀后置于沸水浴中加热 15min,冷却后,各加 0.1% $CuSO_4$ 溶液 3ml,摇匀,在 570nm 波长处测定吸光度。以吸光度为纵坐标,洗脱液体积为横坐标,绘制洗脱曲线。

7. 树脂的再生和回收

用 0.1mol/L NaOH 溶液洗层析柱 10min,清除吸附的杂质。拔去乳胶管,用吸耳球对着层析柱流出口将树脂吹入装树脂的小瓶内,再加柠檬酸钠缓冲液浸泡,即可重复使用。

【思考题】

简述离子交换层析分离混合氨基酸的原理。

# 实验 10　凝胶层析

【实验目的】

1. 了解蛋白质分离纯化的一般原则。

2. 掌握凝胶层析分离物质的实验原理和方法。

【实验原理】

凝胶层析(又称分子筛层析、凝胶过滤)是根据生物分子大小不同,选用一定大小孔隙的凝胶颗粒,将混合液中的小分子和大分子物质"筛"开来的一种分离方法。分离过程如图 2-6 所示。

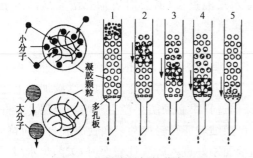

图 2-6　凝胶层析的分离过程

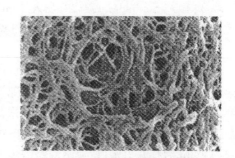

图 2-7　葡聚糖凝胶的内部结构

凝胶是由胶体溶液凝结而成的固体物质,内部具有很微细的多孔网状结构,见图 2-7。凝胶层析法常用的天然凝胶是琼脂糖凝胶(商品名是 Sepharose),人工合成的凝胶是聚丙烯酰胺凝胶(商品名为 Bio-gel P)和葡聚糖凝胶(商品名为 Sephadex)。

我们以 Sephadex G 型葡聚糖凝胶为例介绍。葡聚糖 G 后面的数字代表不同的交联度,数值越大,交联度越小,吸水量越大。后附数字＝吸水量×10,故 G-25 表示该葡聚糖凝胶吸水量为 2.5ml/g。Sephadex 对碱和弱酸稳定(在 0.1mol/L 盐酸中可以浸泡 1～2h)。在中性时可以高压灭菌。不同型号的凝胶又有颗粒粗细之分。颗粒粗的分离效果差,流速快;颗粒越细分离效果越好,但流速也越慢。交联葡聚糖工作时的 pH 稳定在 2～11 的范围内。葡聚糖 G 型凝胶分离的相对分子质量分级范围为 700～$8\times10^5$。

本实验采用交联葡聚糖凝胶 G—25(Sephadex G—25)作为层析柱,它适用于相对分子质量范围在 1000～5000 之间的生物分子的分离。采用凝胶 G—25 柱对蓝色葡聚糖(Blue Dextean 2000,蓝色,相对分子质量 $2\times10^6$)和铬酸钾(黄色,相对分子质量 194.2)混合物进行分离。上样后,以 0.9% NaCl(或蒸馏水)作为洗脱剂进行洗脱。由于蓝色葡聚糖和铬酸钾相对分子质量大小不同,当通过交联葡聚糖凝胶层析柱时,流过的路径不同,受阻不同,达到分离的效果。相对分子质量较大的蓝色葡聚糖分子经凝胶颗粒间的孔隙随洗脱剂先流出,而相对分子质量较小的铬酸钾可进入凝胶颗粒内部的网格中,需经过一定时间后才能随洗脱剂流出。因此,相对分子质量大者先流出,相对分子质量小者后流出,从而使分子大小不同的物质被区开。蓝色葡聚糖(蓝色)和铬酸钾(黄色)在凝胶柱中可被分离出两条不同颜色的区带,并可被收集。

**【实验器材和试剂】**

1. 器材

层析柱[(0.8～1.2)cm×(17～20)cm]、铁架台、烧杯、细玻棒及滴管(细长)、试管、烧杯、分步收集器等。

2. 材料

待测样品液:0.5% 蓝色葡聚糖溶液、0.5% 铬酸钾溶液。

3. 试剂

(1) 葡聚糖凝胶 G—25(Sephadex G—25)。

(2) 洗脱液:0.9% NaCl 溶液。

**【实验操作】**

1. 凝胶处理

取 3g 国产 Sephadex G—25,加入 50ml 蒸馏水浸泡过夜(必要时可加热溶胀),倾出上清液及细小颗粒凝胶,然后加 0.9% NaCl 溶液适量至浆状,备用。

2. 装柱

取直径 0.8～1.2cm、长 17～20cm 层析柱,先将柱垂直安装好,关闭出水口,自顶部缓慢加入稀薄的 Sephadex G—25 悬液,待底部凝胶沉积约 1～2cm 时,再打开出水口,继续加入上述悬液,至凝胶层沉积达 15cm 即可,关闭出水口。操作过程中必须防止产生气泡与分层。装好的凝胶柱要求表面平整,若柱表面出现凹陷现象,可用细玻棒轻轻搅动表面使凝胶自然沉降,沉降约 2min 后打开出水口,使溶液缓缓流下,当液面刚好进入凝胶柱表面时,关闭出水口。

3. 加样

蓝色葡聚糖溶液和黄色铬酸钾溶液以 2:1 比例混合,取此混合液 20 滴,加入凝胶面上,不要搅动凝胶面,使凝胶面保持平衡。然后开启出水口使试样徐徐流入柱内,关闭出水口。小心加入 0.9% NaCl 溶液 20 滴,开启出水口,使其缓缓流入柱内。重复两次,以洗净可能粘附于柱内壁的样品,关闭出水口。冲洗时应尽量避免样品稀释过多,吸附层越薄越好,避免过厚,否则等于加大加样量而影响分离效果。

4．洗脱与收集

用洗脱液（0.9％ NaCl 或蒸馏水）洗脱，洗脱液要分次加入，每次都要注意不可使床面液体流完。调节洗脱液流速为 4～5 滴/min。边洗脱边用试管分批收集（每管收集约 1ml）流出液，直至全部有色物质流出为止。目测各管颜色的强度，然后用 0.9％ NaCl 溶液分次（共 10ml）洗涤该层析柱，此柱仍可重复使用。注意观察蓝色葡聚糖与黄色铬酸钾在层析柱中的色带位置及洗脱次序。

5．洗脱曲线的绘制

以洗脱液的颜色深浅度为纵坐标，洗脱的管号为横坐标，绘制洗脱曲线。

【思考题】

1．利用凝胶层析分离混合样品时，如何得到较好的分离效果？

2．血清蛋白质能用凝胶层析法分离吗？为什么？

# 实验 11　SDS -聚丙烯酰胺凝胶电泳测定蛋白质的相对分子质量

【实验目的】

1．掌握 SDS -聚丙烯酰胺凝胶电泳测定蛋白质相对分子质量的原理和方法。

2．学习板状聚丙烯酰胺凝胶电泳的操作方法。

【实验原理】

SDS -聚丙烯酰胺凝胶电泳（SDS-PAGE）是对蛋白质进行量化、比较及特性鉴定的一种经济、快速、可重复的方法。该法主要依据蛋白质相对分子质量的不同，对其进行分离。蛋白质在电场中泳动的迁移率主要由其所带电荷的多少、相对分子质量大小及分子形状等因素决定。

十二烷基硫酸钠（sodium dodecyl sulfate，简称 SDS）是一种阴离子表面活性剂，加到电泳系统中能使蛋白质的氢键和疏水键打开，使蛋白质变性而改变原有的空间构象，其结合到蛋白质分子上（在一定条件下，大多数蛋白质与 SDS 的结合比为 1.4g SDS/g 蛋白质），使各种蛋白质- SDS 复合物都带上相同密度的负电荷，其数量远远超过了蛋白质分子原有的电荷量，从而掩盖了不同种类蛋白质间原有的电荷差别，这样就使电泳迁移率只取决于分子大小这一因素。在一定范围内，电泳相对迁移率与相对分子质量的对数呈直线关系，于是根据标准蛋白质相对分子质量的对数和迁移率所作的标准曲线，即可求得未知物的相对分子质量。

蛋白质的电泳迁移率与其相对分子质量的对数呈直线关系：

$$M_r = K \times 10^{-bm}$$

$$\lg M_r = \lg K - bm$$

$$\lg M_r = K_1 - bm$$

式中：$M_r$ 为相对分子质量；$m$ 为迁移率；$b$ 为斜率；$K$、$K_1$ 为常数。

因此，如果要测定某种蛋白质的相对分子质量，只需通过比较它和一系列已知相对分子质量的标准蛋白质在 SDS -凝胶电泳时的迁移率就可以了。实验证明，相对分子质量在 12000～200000 的蛋白质，用此法测定相对分子质量与用其他测定方法相比误差较小，一般在±10%以内。此外,用这种方法测定蛋白质的相对分子质量具有操作简便、快速,设备成本低廉等优点,现已成为生物学研究领域中一种重要的分析技术。

本实验选用相对分子质量在 10000~70000 范围的标准蛋白质制作标准曲线,使用 10% 的聚丙烯酰胺凝胶并制成板状,以不连续电泳系统进行电泳来测定蛋白质的相对分子质量。由于蛋白质分子内次级键的破坏,使得蛋白质分子的各亚基被分离。因此,对于多亚基蛋白质来说,此法测出的是各亚基的相对分子质量,如果要得到完整分子的相对分子质量,还需进一步处理。

**【实验器材和试剂】**

1. 器材

烧杯、微量注射器、真空干燥器、直尺、一次性手套、细金属丝、Ep 管等。

2. 仪器

垂直板状电泳槽及电泳仪、恒温水浴箱。

3. 材料

未知蛋白质样品。

4. 试剂

(1) 低相对分子质量标准蛋白质:使用方法为开封后溶于 200$\mu$l 双蒸水中,并分装于 20 支小管内,每管 10$\mu$l,同时加入等体积 2×样品缓冲液(10$\mu$l),置于 -20℃ 保存。使用前在室温下熔化,于沸水浴中加热约 3~5min 后上样。

(2) 凝胶贮液:将 30g 丙烯酰胺(Arc)、0.8g 甲叉双丙烯酰胺(Bis)溶于 100ml 蒸馏水中,过滤后置棕色瓶中,4℃储存可在 1~2 个月内使用。

(3) 凝胶缓冲液:称取 0.2g SDS,加入 0.2mol/L 磷酸盐缓冲液(pH 7.2)至 100ml,4℃贮存,用前稍加热使 SDS 溶解。

(4) 1% TEMED(*N*、*N*、*N*′、*N*′-四甲基乙二胺)溶液:取 1ml TEMED,加双蒸水至 100ml,置棕色瓶内,4℃贮存。

(5) 10%过硫酸铵溶液:称取 0.5g 过硫酸铵,加入 5ml 蒸馏水,置棕色瓶内,4℃贮存(临用前配制)。

(6) 样品稀释液:称取 500mg SDS、1ml β-巯基乙醇、3ml 甘油、4mg 溴酚蓝、2ml 1mol/L Tris-HCl 缓冲液(pH 6.8),加蒸馏水溶解,并定容至 10ml。此溶液可用于溶解标准蛋白质及待测蛋白质样品。若样品为固体,则应稀释 1 倍后使用;若样品为液体,则加入与样品等体积的原液混合即可。

(7) 电极缓冲液(pH 8.3):称取 3g Tris、14.4g 甘氨酸、1g SDS,加蒸馏水并定容至 1L,使用时稀释 10 倍,灭菌后在室温下可长期保存。

(8) 浓缩胶缓冲液贮液(1mol/L Tris-HCl 缓冲液,pH 6.8):将 6.06g Tris 溶于 40ml 双蒸水中,用 4mol/L 盐酸调至 pH 为 6.8,再用双蒸水定容至 50ml,4℃保存。加 0.2g SDS 溶于其中可直接用于配胶。

(9) 分离胶缓冲液贮液(1.5mol/L Tris-HCl 缓冲液,pH 8.8):将 9.08g Tris 溶于 40ml 双蒸水中,用 4mol/L 盐酸调至 pH 为 8.8,再用双蒸水定容至 50ml,4℃保存。加 0.2g SDS 溶于其中可直接用于配胶。

(10) 10%(*m/V*) SDS 溶液:称取 10g SDS,加蒸馏水至 100ml。

(11) 2×样品缓冲液:分别取 2.0ml 0.5mol/L Tris-HCl(pH 6.8)缓冲液、2.0ml 甘油(丙三醇)、2.0ml 20%SDS 溶液、0.5ml 0.1%溴酚蓝溶液、1.0ml 2-β-硫基乙醇、2.5ml 双蒸水,充分混合均匀。

(12) 染色液:称取 1g 考马斯亮蓝 R-250,加入 450ml 甲醇和 100ml 冰醋酸,再加450ml 蒸馏水,溶解后过滤使用。

(13) 脱色液:取 75ml 冰醋酸、50ml 甲醇,加蒸馏水定容至 1000ml。

(14) 凡士林油膏或马铃薯淀粉。

**【实验操作】**

**1. 安装电泳装置**

制胶模具由两块长短不等的玻璃板组成。在两玻璃板夹层的两侧及底部放置用特殊塑料制成的间隙条,条的厚度视实验具体情况而选定。两块玻璃板需洗净干燥,在板的两侧及底部用凡士林油膏或淀粉糊封闭,以防胶液漏出,用夹子将两块玻璃板固定,使两块玻璃板之间形成一定的间隙,可用于灌注胶液,见图 2-8。

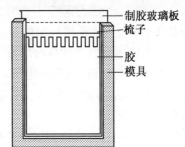

图 2-8 板状电泳装置

**2. 制备分离胶**

从冰箱中取出制胶试剂,平衡至室温。丙烯酰胺有神经毒性,操作时必须戴手套。按要求配置 10%的分离胶,凝胶液总用量可根据玻璃板间隙的体积而定。

10%分离胶:

| | |
|---|---|
| 30%丙烯酰胺溶液 | 10ml |
| 1.5mol/L Tris-HCl 缓冲液(pH 8.8) | 11.2ml |
| 蒸馏水 | 8.7ml |
| 10% SDS 溶液 | 0.3ml |
| 10%过硫酸铵溶液 | 0.2ml |
| 1% TEMED | 0.1ml。 |

轻轻搅拌混匀上述溶液后(过量气泡的产生会干扰聚合),置于真空干燥器中,抽气10min。凝胶很快会聚合,操作要迅速。小心将凝胶溶液注入两块玻璃板的间隙中,至胶面离玻璃凹槽 3.5cm 左右,然后在胶面上轻轻铺 1cm 高的蒸馏水,加水时应顺着玻璃板缓慢加入,使凝胶表面平整。垂直放置胶板,在室温下静置 20~30min 使之凝聚。当凝胶聚合后,在分离胶和水层之间将会出现一条清晰的界面,吸去胶面上层的水。

**3. 制备浓缩胶**

不管使用何种浓度的分离胶,都使用同一种浓缩胶,用量根据实际情况而定。

浓缩胶:

| | |
|---|---|
| 30%丙烯酰胺溶液 | 1.67ml |
| 1mol/L Tris-HCl 缓冲液(pH 6.8) | 1.25ml |
| 蒸馏水 | 7.03ml |
| 10% SDS 溶液 | 0.1ml |
| 10%过硫酸铵溶液 | 0.2ml |
| 10% TEMED | 0.1ml |

轻轻搅拌混合上述溶液,取少量灌入玻璃间隙中,冲洗分离胶胶面,然后倒出。将剩余浓缩胶溶液用吸管加至分离胶的上面,使胶面与玻璃凹槽处平齐,然后插入梳子,直至梳子齿的底部与前玻璃板的顶端平齐。必须确保梳子齿的末端没有气泡。将样品梳稍微倾斜插入可以减少气泡的产生。在室温下放置 20～30min,浓缩胶即可凝聚。凝聚后,慢慢取出样品梳,不要将加样孔撕裂,在形成的胶孔中加入蒸馏水,冲洗未凝聚的丙烯酰胺,倒出孔中的蒸馏水后,再加入电极缓冲液。

将灌好胶的玻璃板垂直固定在电泳槽上,使带凹槽的玻璃板与电泳槽紧贴在一起,形成一个贮液槽,将电泳缓冲液加入内、外电泳槽中,使凝胶的上、下端均能浸泡在缓冲液中。

### 4. 制备待测蛋白质样品

#### (1) 固体蛋白质样品的制备

将固体蛋白质样品按 1ml 溶液加 0.5mg 蛋白质的比例,加入稀释 1 倍的样品稀释液。按每管 20～100μl 分装于 1.5ml 的 Ep 管中,储存于 −20℃冰箱中备用。每次用一小管,用前将 Ep 管放入沸水浴中加热 3min,取出后,冷却至室温备用。

#### (2) 液体蛋白质样品的制备

如样品为血清,则取一定量(约 5μl)加入等体积的样品稀释液中,混匀,置于沸水浴中加热 2～3min,冷却后备用。若待测样品浓度过低,可先浓缩;若样品含盐度过高,则需先透析。

制备好的标准或待测蛋白质样品液未用完时,可在 −20℃冰箱中保存较长时间,使用前应在沸水浴中加热 1min,以除去可能出现的亚稳态聚合物。但同一样品重复处理的次数不宜过多。

### 5. 加样

样品的点样量可根据样品溶液的浓度及凝胶点样孔的大小确定,一般在 10～100μl。加样量过少则不易检测,样品中应至少含有 0.25μg 的蛋白质,染色后才能检测出来,若蛋白质含量达到 1μg,则显色十分明显。加样时,用微量注射器吸取约 10～20μl 已处理好的蛋白质样品,将注射器针头穿过凝胶孔上的缓冲液,缓慢将蛋白质样品加至样品孔的底部,推时不宜用力过猛,以免样品扩散于缓冲液中。应避免带入气泡,气泡易使样品混入相邻的加样孔中。

### 6. 电泳

将电泳槽与电泳仪(电压 300～600V,电流 50～100mA)相连接,负极接上槽,正极接下槽,打开电源开关。对于垂直板型电泳,电流应控制在 1～2mA/样品孔,太高的电流强度会造成产热增大,影响分离效果。一般样品进浓缩胶前电流应控制在 15～20mA,约 30～60min;样品进浓缩胶后将电流调到 20～30mA,保持电流强度不变进行电泳,直至样品中的溴酚蓝染料迁移至离下端约 1cm 时,停止电泳,需 4～5h。将上、下电泳槽中的电极缓冲液倒出,用镊子小心地将短板玻璃撬开后取出凝胶板,并滑入大培养皿内。用直尺测量分离胶的长度及分离胶上沿至溴酚蓝带中心的距离,或在溴酚蓝的中心插入一段细金属丝,以标示染料的位置。

### 7. 染色和脱色

将分离胶在染色液中浸泡 60min,倒去染色液,用蒸馏水漂洗凝胶数次后加入脱色液,室温浸泡凝胶或 37℃加热使其脱色,更换几次脱色液,直至凝胶的蓝色背景褪去、蛋白质区带清晰为止。脱色时间一般约需一昼夜。

　　将凝胶片小心地放在一块玻璃板上,用直尺测量脱色后分离胶的长度及各蛋白质区带的迁移距离(即分离胶上沿至各蛋白质区带中心的距离),或者测量由胶上沿至金属丝的距离和至各蛋白质区带的距离(插金属丝法),如图2-9所示。

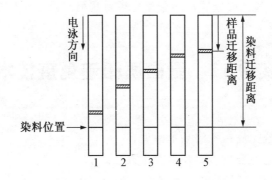

图2-9　标准蛋白分离示意图

1—细胞色素 C;2—胰凝乳蛋白酶原 A;3—胃蛋白酶;4—卵清蛋白;5—牛血清清蛋白

### 8. 蛋白质相对分子质量的计算

各蛋白质样品区带的相对迁移率可按如下公式计算:

$$相对迁移率 = \frac{蛋白质迁移距离}{脱色后胶长} \times \frac{染色前胶长}{染料移动距离}$$

插金属丝法的相对迁移率按如下公式计算:

$$相对迁移率 = \frac{样品蛋白质迁移距离}{染料迁移距离}$$

　　以标准蛋白质样品的迁移率为横坐标,标准蛋白质相对分子质量的对数为纵坐标作图,即可得一条标准曲线。根据待测样品蛋白质的相对迁移率,从标准曲线上可直接查出其相对分子质量。

**【注意事项】**

　　1. 实验中应选择使用相对分子质量大小与待测蛋白样品相近的标准蛋白质绘制标准曲线,使待测蛋白质样品的相对分子质量恰好在标准蛋白质的相对分子质量的范围内,以减少误差。每次测定样品必须同时作标准曲线,不能利用这一次凝胶电泳的标准曲线作为下一次的标准曲线。标准蛋白质的相对迁移率在 0.2~0.8 为宜,且均匀分布。

　　2. 不同浓度的聚丙烯酰胺凝胶适用于不同范围的蛋白质相对分子质量的测定,需根据所测相对分子质量范围选择最适凝胶浓度。用 SDS 处理蛋白质样品时,必须同时用还原剂硫基乙醇还原二硫键。要保证蛋白质与 SDS 按一定的比例结合,溶液中的 SDS 总量至少要比蛋白质的量高 4~10 倍。

　　3. 不是所有蛋白质都能用 SDS-聚丙烯酰胺凝胶电泳法测定其相对分子质量。如一些带有较大辅基的蛋白(某些糖蛋白)和结构蛋白(胶原蛋白)等,因其本身电荷异常或构象异常,不能定量与 SDS 相结合或正常比例的 SDS 不能完全掩盖其原有电荷的影响,会造成较大误差。

【思考题】

1. 本实验是否需在低温下进行？

2. 本实验中为何要用 SDS？

3. 用该方法测定蛋白质相对分子质量时需注意哪些问题？

4. 利用 SDS-聚丙烯酰胺凝胶电泳法测定蛋白质的相对分子质量与利用凝胶层析测定蛋白质的相对分子质量有何不同？

# 实验 12　蛋白质印迹免疫技术

## 【实验目的】

1. 掌握蛋白质印迹免疫技术的基本原理。

2. 学习蛋白质印迹免疫技术的基本操作方法。

## 【实验原理】

蛋白质印迹免疫技术是以某种抗体为探针，利用抗原与抗体结合的特异性，从而对复杂混合物中的某些特定蛋白质进行鉴别和定量分析。这一技术将蛋白质凝胶电泳分辨率高与固相免疫杂交特异性强的特点相结合，是目前生命科学领域重要的蛋白质分析测定方法。

具体过程为蛋白质经凝胶电泳分离后，经转移电泳原位转印到硝酸纤维素薄膜或其他膜的表面上，并保持其原有的物质类型和生物学活性不变，经封闭后与相应的一抗孵育，然后用二抗放大一抗检测到的信号，并显示检测信号。

本实验以在原核细胞中经诱导表达的 GST-鸡生肌素融合蛋白作为待检蛋白，先将诱导后的菌体总蛋白经 SDS-PAGE 电泳后，以兔抗鸡生肌素单克隆抗体作为一抗，碱性磷酸酶偶联的羊抗兔 IgG 作为二抗，检测生肌素的表达情况。

## 【实验器材和试剂】

1. 器材

烧杯、Ep 管、吸量管或移液器、封口机、可调式取液器、硝酸纤维素薄膜、单面刀片、杂交袋、一次性手套等。

2. 仪器

垂直板状电泳槽及电泳仪、电转移装置、恒温摇床、电磁炉。

3. 材料

诱导前菌体蛋白、诱导后菌体蛋白。

4. 试剂

(1) 电极缓冲液：1.44% 甘氨酸，0.1% SDS，0.3% Tris-HCl。

(2) 2×蛋白质上样缓冲液：4% SDS，20% 甘油，100mmol/L Tris-HCl(pH 6.8)，2% 溴酚蓝。

(3) 电转阴极缓冲液：0.04mol/L 甘氨酸，0.5mmol/L Tris-HCl，20% 甲醇。

(4) 电转阳性缓冲液Ⅰ：0.3mol/L Tris-HCl，20% 甲醇。

(5) 电转阳性缓冲液Ⅱ：25mmol/L Tris-HCl，20% 甲醇。

(6) TBS：150mmol/L NaCl,50mmol/L Tris-HCl(pH 7.5)。

(7) 封闭液：TBS,5％ 脱脂奶粉,0.1％ Tween20。

(8) 碱性磷酸酶缓冲液(TSM)：10mmol/L NaCl,5mmol/L $MgCl_2$,100mmol/L Tris-HCl(pH 9.5)。

(9) 染色液：将 0.25g 考马斯亮蓝、45ml 甲醇、45ml 双蒸水、10ml 冰醋酸混匀。

(10) 脱色液：将 45ml 甲醇、45ml 双蒸水、10ml 冰醋酸混匀。

(11) 其他：30％丙烯酰胺贮存液、10％SDS 溶液、TEMED、10％过硫酸铵溶液、1.5mol/L Tris-HCl 溶液(pH 8.8)、0.5mol/L Tris-HCl 溶液(pH 6.8)、1mg/ml DTT、BCIP(5－溴－4－氯－3－吲哚磷酸)/NBT(氮蓝四唑)底物显色试剂盒、标准相对分子质量蛋白质、兔抗鸡生肌素单克隆抗体、碱性磷酸酶偶联的羊抗兔 lgG 等。

【实验操作】

1. SDS－PAGE 电泳

(1) 安装电泳装置

安装垂直板型电泳装置,用 1％琼脂糖凝胶封住底边及两侧。

(2) 制胶

① 10％分离胶：

| | |
|---|---|
| 30％丙烯酰胺贮存液 | 3.3ml |
| 1.5mol/L Tris-HCl 溶液(pH 8.8) | 2.5ml |
| 10％ SDS 溶液 | 0.1ml |
| 10％过硫酸铵溶液 | 0.1ml |
| 双蒸水 | 4.0ml |

混匀后,加入 5μl TEMED,立即混匀。灌入安装好的垂直夹层玻璃板中,直至距离短玻璃板顶部 2cm 处,避免形成气泡,在胶面上立即加盖一层双蒸水,静置。待凝胶与水的界面清晰时,说明分离胶已聚合(约 30min),去除水相,用滤纸吸干残留的液体。

② 5％浓缩胶：

| | |
|---|---|
| 30％丙烯酰胺贮存液 | 0.83ml |
| 0.5mol/L Tris-HCl 溶液(pH 6.8) | 0.63ml |
| 10％ SDS 溶液 | 0.05ml |
| 10％过硫酸铵溶液 | 0.05ml |
| 双蒸水 | 3.4ml |

混匀后,加入 3μl TEMED,立即混匀,并将混匀的浓缩胶沿玻璃板壁缓缓加在分离胶上面,至短玻璃板顶端,避免产生气泡,然后插入样品梳,静置 30min。待胶聚合后,拔出样品梳,用电极缓冲液冲洗加样孔,以去除未聚合的丙烯酰胺。将凝胶固定于电泳装置上,上、下槽各加入电极缓冲液,驱除两玻璃板间凝胶底部的气泡。

(3) 样品处理

取两支 Ep 管,分别加入诱导前的菌体蛋白和诱导后的菌体蛋白各 20μl,再各加入 20μl 的 2×蛋白质上样缓冲液和 4μl DTT,充分混匀,煮沸 3min,短暂离心备用。

(4) 上样

按表 2－9 所示顺序加样。加到加样孔底部。为了便于比较蛋白质电泳结果和免疫印迹结果,实验中采取对称加样。

表 2-9 电泳加样孔加样表

单位:$\mu l$

| 加样孔编号 | 1 | 2 | 3 | 4 | 5 | 6 | 7 |
|---|---|---|---|---|---|---|---|
| 试剂 | 2×上样缓冲液 | 诱导前菌体蛋白 | 诱导后菌体蛋白 | 标准相对分子质量蛋白质 | 诱导前菌体蛋白 | 诱导后菌体蛋白 | 2×上样缓冲液 |
| 加样量 | 20 | 20 | 20 | 10 | 20 | 20 | 20 |

(5) 电泳

接通电源,开始电泳时将电压调至 80V,当溴酚蓝进入分离胶后,将电压提高到 150V,继续电泳至溴酚蓝距离胶底部约 1cm 处,断开电源。

2. 蛋白质转膜

(1) 取出电泳胶板,小心去除一侧玻璃板,用刀片切去浓缩胶和分离胶无样品部分,将凝胶分成两半,含标准相对分子质量蛋白质的部分用考马斯亮蓝染色。

(2) 测量剩余胶的大小,按其尺寸剪取一张硝酸纤维素薄膜和六张滤纸。

(3) 硝酸纤维素薄膜用三蒸水浸润后,在阳极缓冲液Ⅱ中浸泡 5min。

(4) 在电转移装置中由阳极至阴极依次安放下列成分,并注意各层之间不能有气泡:

* 阳极缓冲液Ⅰ浸湿的滤纸 2 张;

* 阳极缓冲液Ⅱ浸湿的滤纸 2 张;

* 硝酸纤维素薄膜 1 张;

* 凝胶;

* 阴极缓冲液浸湿的滤纸 2 张。

(5) 接通电源,15V(0.8mA/cm²)转移 3h。

3. 封闭

将转膜后的硝酸纤维素薄膜做好标记,在 TBS 中漂洗 5~10min,共 2 次,置膜于装有封闭液的平皿中,室温下轻摇 1h 或 4℃过夜,中间更换一次封闭液。

4. 一抗结合

(1) 将膜放入杂交袋中,封好三面。

(2) 按 0.2ml/cm² 加入封闭液和兔抗鸡生肌素单克隆抗体(1:1000 稀释)。

(3) 杂交袋封严后,室温孵育 1~2h 或 4℃过夜,缓慢摇动。TBS 缓冲液洗 3 次,每次 5min。

5. 二抗结合

(1) 剪开杂交袋,取出滤膜。用封闭液洗涤 3 次,每次约 10min。

(2) 将滤膜再次放入杂交袋中,封好三面。

(3) 按 0.2ml/cm² 加入封闭液和碱性磷酸酶偶联羊抗兔 IgG。

(4) 杂交袋封严后,室温孵育 1h,缓慢摇动。

6. 显色反应

(1) 取出滤膜,用 TBS 洗 3 次,每次 5min。

（2）将滤膜放入碱性磷酸酶缓冲液中短暂漂洗。

（3）配制显色液：

| | |
|---|---|
| 碱性磷酸酶缓冲液 | 10ml |
| BCIP | 35$\mu$l |
| NBT | 45$\mu$l |

加入显色液,室温避光显色约 30min。碱性磷酸酶可以将无色底物 BCIP/NBT 转化为蓝紫色的产物。将显色至满意程度的硝酸纤维素薄膜经水冲洗终止反应,对照标准相对分子质量蛋白质分析结果。

**【注意事项】**

1. 丙烯酰胺含神经毒素,可经皮肤、呼吸道吸入,操作时应戴手套,注意防护。

2. 蛋白质加样量要合适,加样量过少,条带不清晰;加样量过多,则泳道超载,条带相互重叠,甚至覆盖相邻泳道,影响结果。

3. 电泳时电压不宜过大,否则玻璃板会因受热而破裂。

4. 电转移时,滤纸、滤膜和胶应等大,以免短路。在整个操作过程中,转移膜要始终在液体中,不能干燥。

5. 显色液须临用前新鲜配制。

6. 该实验中转移在膜上的蛋白质处于变性状态,其空间结构发生了改变,因此那些识别空间表位的抗体不能用于本实验。

**【思考题】**

1. SDS－PAGE 电泳时,为何电压不宜太大?

2. 若样品中蛋白质相对分子质量很小(小于 10000),含量也较低,在进行免疫印迹时应注意哪些问题?

3. 蛋白质印迹结果如何进行定量分析?

# 第二章　核酸类实验

核酸(nucleic acid)是主要位于细胞核内的生物大分子,存在于所有动物、植物、微生物细胞内,是生命的最基本物质之一,起着携带和传递生物体遗传信息的作用,与生命起源、物种进化、遗传育种、代谢调控以及疾病防治等均有密切关系。核酸分子包括 DNA 和 RNA 分子两大类。DNA 分子含有生物物种的所有遗传信息,多为双链分子,其中大多数是链状结构,也有少数呈环状结构,相对分子质量一般都很大。RNA 主要是负责 DNA 遗传信息的翻译与表达,为单链分子,相对分子质量要比 DNA 小得多。

自从 1953 年 Watson 和 Crick 创立 DNA 双螺旋结构模型以来,核酸研究的进展日新月异,其影响面几乎遍及生命科学的各个领域。以 20 世纪 70 年代基因工程和 90 年代基因组学为代表的研究领域,正形成有巨大发展前途的高技术产业,产品在医、农、工、食品、环保和国防等领域发挥重大作用。在医药领域,现已发现近 2000 种遗传性疾病与 DNA 结构有关。如人类镰刀型红细胞贫血症是由于患者的血红蛋白分子中一个氨基酸的遗传密码发生了改变;白化病则是患者 DNA 分子上缺乏产生促黑色素生成的酪氨酸酶的基因所致。科学家还发现肿瘤的发生、病毒的感染、射线对机体的影响等均与核酸结构及功能相关。目前人们正在运用人工方法定向改组 DNA,不仅创造了一些新型的生物品种,而且也成功获得了诸如胰岛素、干扰素等多种珍贵的临床生化药物。

下面我们将介绍核酸类物质的分离、分析、鉴定的基本原理和方法,以及相关的 PCR 技术、分子杂交技术等。

## 实验 13　紫外分光光度法测定核酸含量

【实验目的】

熟悉紫外分光光度法测定核酸含量的原理和操作方法。

【实验原理】

由于核酸、核苷酸、碱基及其衍生物的组成成分中都具有共轭双键系统,有吸收紫外光的性质,RNA 和 DNA 的紫外吸收高峰在 260nm 波长处。因此可通过测定核酸在 260nm 波长处的吸光度来计算核酸的含量。一般在 260nm 波长下,1ml 含 1μg RNA 溶液的吸光度为 0.022,1ml 含 1μg DNA 溶液的分光光度约为 0.020,故测定未知浓度 RNA 或 DNA 溶液在 260nm 的吸光度即可计算出其中核酸的含量。紫外分光光度法简便,快速,灵敏度高,只消耗微量样品。

蛋白质由于含有芳香族氨基酸,也有紫外吸收性质。通常蛋白质的吸收高峰在 280nm 波长处,在 260nm 处的吸光度仅为核酸的 1/10,因此对于含有微量蛋白质的核酸样品,

260nm 处测定误差较小。RNA 的 260nm 与 280nm 吸光度比值在 2.0 以上,DNA 的 260nm 和 280nm 吸光度比值在 1.8 左右。借助 $A_{260}/A_{280}$ 比值,可以获悉 DNA 或 RNA 样品的含量和纯度。通常,纯净 DNA 的比值是 1.8,RNA 为 2.0;当比值高于 1.8 时,表明 DNA 样品中混杂有 RNA;当比值小于 1.7 时,则表明样品中可能有蛋白质或酚的污染,尚需进一步纯化。

**【实验器材和试剂】**

1. 器材

吸量管或移液器、容量瓶、冰浴、离心管、石英比色皿等。

2. 仪器

电子分析天平、紫外分光光度计、离心机。

3. 材料

待测核酸样品。

4. 试剂

(1) 钼酸铵-过氯酸沉淀剂(0.25%钼酸铵-2.5%过氯酸溶液):将 3.6ml 70%过氯酸和 0.25g 钼酸铵加入 96.4ml 蒸馏水中。

(2) 5%～6%氨水。

**【实验操作】**

1. 用电子分析天平精确称取 0.25g 待测核酸样品,加少量蒸馏水调成糊状,再加约 30ml 蒸馏水,用 5%～6%氨水调至 pH 6.0,助溶,待其全部溶解后转移至容量瓶内,加蒸馏水定容至 50ml,配制成 5mg/ml 的样品溶液。

2. 取 2 支离心管,A 管加入 2ml 5mg/ml 的样品溶液和 2ml 蒸馏水;B 管内加 2ml 5mg/ml 的样品溶液和 2ml 钼酸铵-过氯酸沉淀剂(具有除去大分子核酸的作用),作为对照管。摇匀后在冰浴中静置使沉淀完全。约 30min 后 3000r/min 离心 10min。分别吸取上清液 0.5ml 于 2 只容量瓶内,以蒸馏水定容到 50ml。

3. 以蒸馏水作空白对照,将上述 A、B 两管稀释液于紫外分光光度计上用光径为 1cm 的石英比色皿测定 260nm 处的吸光度,吸光度分别记为 $A_1$、$A_2$。

4. 样品中 DNA(或 RNA)总量按下式计算:

$$样品中 DNA(或 RNA)总量(\mu g) = \frac{A_1 - A_2}{0.020(或\ 0.022)} \times V \times D$$

式中:0.020(或 0.022)为 DNA(或 RNA)的比消光系数,即浓度为 $1\mu g/ml$ 的 DNA(或 RNA)在 260nm 处通过光径为 1cm 石英比色皿时的吸光度;$V$ 为被测样品溶液的体积,单位为 ml;$D$ 为样品溶液测定时的稀释倍数。

**【思考题】**

1. 若样品中含有蛋白质,应如何减少误差?

2. 若样品中含有核苷酸类杂质,应如何校正?

3. 如何利用核酸的紫外吸收性质检测其纯度?

# 实验 14  DNA 琼脂糖凝胶电泳

## 【实验目的】

1. 学习琼脂糖凝胶电泳分离 DNA 的基本原理。
2. 掌握水平式琼脂糖凝胶电泳检测 DNA 的操作方法。

## 【实验原理】

琼脂糖凝胶电泳是分离、鉴定核酸(DNA 或 RNA)的常规实验方法。核酸分子是两性电解质,其等电点 pI 在 $2\sim2.5$ 之间,在电泳缓冲液(pH $6\sim9$,通常为 8.0)中,核酸分子呈负电荷,在电场中向正极移动。核酸分子在琼脂糖凝胶中泳动时,具有电荷效应和分子筛效应,其中以分子筛效应为主。因此,决定 DNA 分子迁移率的主要因素有 DNA 分子的大小、DNA 分子的构象、电泳电场电压及电泳缓冲液离子强度等。

溴化乙啶(ethidium bromide,EB)能插入 DNA 分子中形成复合物,在 254nm 的紫外光照射下,EB 分子能发射荧光,其荧光强度与 DNA 的含量成正比。以已知浓度的 DNA 标准样品为电泳对照,可估算待测样品的 DNA 浓度大小。

本实验通过琼脂糖凝胶的制备、DNA 样品的加样、电泳等过程熟悉电泳基本操作,并通过凝胶成像系统拍照记录与分析,推算检测 DNA 样品的浓度和相对分子质量大小。

## 【实验器材和试剂】

1. 器材

烧杯、移液器、制胶槽、样品梳、一次性手套等。

2. 仪器

微波炉、水平电泳槽及电泳仪、紫外灯检测仪或凝胶成像系统。

3. 材料

已知 DNA 标准样品、若干 DNA 实验样品(Ep 管中分装待测)。

4. 试剂

(1) 0.5mol/L EDTA 溶液 (pH 8.0):取 93g $Na_2$EDTA 固体,置于 500ml 烧杯中,加入约 400ml 双蒸水,加热搅拌,用 NaOH(约用 10g NaOH 固体)调节 pH 值到 8.0,再加双蒸水将溶液定容到 500ml。高温高压灭菌,室温保存。

(2) 5×TBE 母液:取 54g Tris、27.5g 硼酸、20ml 0.5mol/L EDTA 溶液 (pH 8.0),加双蒸水,混合均匀,定容至 1000ml。

(3) 0.5×TBE 电泳缓冲液:将 5×TBE 母液稀释 10 倍。

(4) 1mg/ml EB 溶液:100ml 双蒸水中加入 100mg 溴化乙啶,磁力搅拌至完全溶解,分装于棕色瓶内,于室温下避光保存。

(5) 6×DNA 上样缓冲液:0.25% 溴酚蓝,40% 蔗糖或 30% 甘油。

## 【实验操作】

1. 制备琼脂糖凝胶

根据被分离 DNA 分子的大小,确定凝胶制备时所需琼脂糖的含量,参考表 2-10。

表 2－10　琼脂糖含量与 DNA 分子大小的对应关系

| 琼脂糖的含量/% | 分离线状 DNA 分子大小的有效范围/kb |
| --- | --- |
| 0.3 | 5～60 |
| 0.6 | 1～20 |
| 0.7 | 0.8～10 |
| 0.9 | 0.5～7 |
| 1.2 | 0.4～6 |
| 1.5 | 0.2～4 |
| 2.0 | 0.1～3 |

称取琼脂糖,加入装有适量 0.5×TBE 电泳缓冲液的烧杯中,待水合数分钟后,置于微波炉中,均匀溶化琼脂糖。在加热过程中需不时摇动烧杯,使附着于杯壁上的琼脂糖颗粒进入溶液中,同时最好盖上封口膜,以减少水分的蒸发。

2．制备胶板

将移胶板置于水平放置的制胶槽中,插上样品梳,梳子齿下缘应与移胶板底面保持 1mm 左右的间隙。待琼脂糖胶溶液冷却至 50～60℃后,加入 1mg/ml EB 溶液,使其终浓度为 0.5mg/L,慢慢摇匀后,立即缓缓、小心地倒入准备好的移胶板上,待凝胶冷却凝固后,将移胶板移至电泳槽中,倒入适量 0.5×TBE 电泳缓冲液(刚好没过胶面),拔去梳子备用。

3．电泳

将待测的 DNA 样品和 6×DNA 上样缓冲液以 5∶1 比例混匀后小心点样,同时加入已知浓度的 DNA 标准样品(已含溴酚蓝指示剂),记录点样次序与点样量。打开电泳仪电源开关,一般电压控制在 5V/cm 凝胶。若琼脂糖浓度低于 0.5%,电泳电压不易过高,否则电泳时会引起凝胶发热。

4．观察和拍照

在波长为 254nm 的紫外灯下观察电泳凝胶。根据 DNA 存在处能显示出肉眼可辨的荧光条带进行观察,于凝胶成像系统中拍照,记录并保存电泳检测结果。

根据检测结果,推算被测 DNA 样品的 DNA 浓度和相对分子质量大小。

【注意事项】

1．EB 具有中等毒性,是强诱变剂,溶液配制和使用过程中都必须戴手套;要特别小心操作,不要把 EB 洒到桌面或地面上,凡是沾染 EB 的容器或物品必须经专门处理后才能清洗再使用或丢弃。

2．考虑到 EB 分子会嵌入染色质 DNA 分子的碱基对之间,并拉长线状或带缺口的环状 DNA 分子,导致 DNA 迁移率降低,因此若需准确地测定 DNA 的相对分子质量,建议应采用"先电泳,再用 0.5mg/L EB 溶液浸泡凝胶"的染色方法,可以减少 EB 分子的干扰作用。

【思考题】

1．影响琼脂糖凝胶电泳中 DNA 分子迁移率的因素有哪些?

2．如果电泳后,样品很久都没有出点样孔,请你分析可能的原因。

# 实验 15　动物组织 DNA 的提取和鉴定

## 【实验目的】

1. 学习动物组织中提取 DNA 的原理。
2. 掌握动物组织 DNA 的提取及鉴定方法。

## 【实验原理】

核酸(DNA 或 RNA)通常与某些组织蛋白质结合成核蛋白体复合物,以核糖核蛋白(RNP)和脱氧核糖核蛋白(DNP)形式存在。因此在制备 DNA 时,需先将组织(或细胞)匀浆(或破碎),使之释放出核蛋白(RNP 和 DNP)。由于 RNP 和 DNP 在不同浓度的电解质溶液中的溶解度有很大的差别,可设法将这两大类核蛋白分开。如在浓氯化钠(1～2mol/L)溶液中,DNP 的溶解度很大,RNP 的溶解度很小;而在稀氯化钠(0.14mol/L)溶液中,DNP 的溶解度很小,RNP 的溶解度很大。因此可利用不同浓度的氯化钠溶液,将 DNP 和 RNP 分别从样品中抽提出来。

采用 SDS 或苯酚处理,能使核蛋白 DNP(或 RNP)解聚,即 DNA(或 RNA)与蛋白质分开;然后用氯仿沉淀蛋白质,除去蛋白质;再利用 DNA 不溶于有机溶剂的性质,使它在适当浓度的亲水有机溶剂(如乙醇)中呈絮状沉淀析出。重复上述处理,即可制成纯度较高的 DNA 制品。提纯的 DNA(或 DNA 钠盐)呈白色纤维状固体。

为了防止 DNA 酶解,提取时需加入乙二胺四乙酸(EDTA)。因为 DNA 酶的酶解作用必须有 $Ca^{2+}$ 及 $Mg^{2+}$ 的存在,而金属螯合剂 EDTA 可与 $Ca^{2+}$、$Mg^{2+}$ 结合,是抑制 DNA 酶活性最好的抑制剂之一。因此,只要在提取液中少量加入 EDTA,可以使 DNA 酶基本失活。

DNA 的制备方法很多,对于不同来源的同一种 DNA 或同一来源的不同 DNA,很难用统一的标准方法来获得有效的 DNA。由于制备方法、实验条件和操作步骤的不同,往往获得的 DNA 的性质及纯度等也各不相同,因此通常需要根据目的和要求不同,选取和尝试不同的制备方法。

除了如本教材中实验 13、14 介绍的紫外分光光度法和电泳技术分析检测 DNA 外,还可以采用二苯胺法来鉴定 DNA。由于 DNA 中的 $2'$-脱氧核糖残基在酸性溶液中加热溶解,形成 ω-羟基-γ-酮基戊醛,并与二苯胺试剂反应生成蓝色化合物,其在 595nm 处有最大光吸收峰;当 DNA 在 20～200μg/ml 范围内,蓝色化合物的吸光度与 DNA 浓度成正比,因此用二苯胺比色法可以获得 DNA 的定性或定量测定。

本实验采用动物新鲜肝脏为材料提取 DNA,通过组织匀浆,使细胞破碎并释放出核蛋白;利用 RNP 和 DNP 在稀 NaCl 溶液中溶解度不同的特点,抽提出 DNP;用 SDS 分离 DNP 中的蛋白质,释放出 DNA;用氯仿抽提去除变性蛋白质;通过乙醇沉淀获得 DNA;最后采用二苯胺法定性鉴定 DNA。

## 【实验器材和试剂】

1. 器材

研钵、漏斗、棉花(或纱布)、烧杯、试管、量筒、容量瓶、离心管、吸量管或移液器、比色皿、剪刀等。

2．仪器

电子天平、离心机、恒温水浴箱、可见分光光度计、制冰机等。

3．材料

新鲜动物肝，取自饥饿 1d 后实验动物，如兔、大白鼠等，避免肝糖原干扰。

4．试剂

（1）0.14mol/L NaCl - 0.1mol/L EDTA 溶液：200μl 0.5mol/L EDTA（pH 8.0），NaCl 8.19g，用双蒸水稀释，定容至 1000ml。

（2）5% SDS 溶液：5g SDS（十二烷基磺酸钠）溶于 100ml 50%乙醇中。

（3）氯仿/异戊醇（V：V＝24：1）混合液：24ml 氯仿和 1ml 异戊醇，充分混匀。

（4）3mol/L NaAc 溶液（pH 5.2）：80ml 双蒸水中溶解 40.83g 三水乙酸钠，用冰醋酸调 pH 至 5.2，用双蒸水定容至 100ml。

（5）二苯胺试剂：称取 1g 重结晶二苯胺，溶于 100ml 冰醋酸中，再加入 10ml 过氯酸（60%以上），混匀待用。使用前需新鲜配制，为无色。临用前加入 1ml 1.6%乙醛溶液。

（6）其他：无水乙醇、70%乙醇、0.01mol/L NaOH 溶液。

【实验操作】

1．肝匀浆的制备

称取新鲜动物肝脏组织 2～3g，用预冷的 0.14mol/L NaCl - 0.1mol/L EDTA 溶液洗去血液，置于研钵中（在冰浴上），剪碎，加入 5ml 预冷的 0.14mol/L NaCl - 0.1mol/L EDTA 溶液，轻轻碾磨，研成匀浆。

2．核蛋白的分离

将匀浆转入离心管中，3000r/min 离心 10min，弃去上清；向沉淀中再加入 5ml 预冷的 0.14mol/L NaCl - 0.1mol/L EDTA 溶液，研成匀浆；3000r/min 离心 10min，弃去上清，得沉淀（DNP）。

3．蛋白质的去除

向上述沉淀中加入 2ml 预冷的 0.14mol/L NaCl - 0.1mol/L EDTA 溶液，搅匀，使之溶解；滴加 5%SDS 溶液 2ml，滴加的同时注意搅拌；65℃水浴 15min；室温冷却；加入等体积氯仿/异戊醇混合液，摇动 20min，3000r/min 室温离心 10min（可重复该步骤一次），此时离心管内分三层，上层是 DNA 抽提液，中间是蛋白质层，最下一层是氯仿层；小心吸取上层液，置另一离心管中。

4．DNA 的提取

在上述离心管中加入 1/10 体积的 3mol/L NaAc 溶液和 2 倍体积的预冷的无水乙醇溶液，慢慢摇动至丝状白色物（DNA）析出时，用玻棒打捞出 DNA 块（或 3000r/min 室温离心 10min，弃上清）。用 600μl 70%乙醇溶液清洗 DNA 块（或加入 70%乙醇溶液后重复离心，取沉淀）。DNA 块于室温干燥，待用。

5．DNA 的鉴定

将制备的 DNA 块，以 0.01mol/L NaOH 溶液将它配成 100μg/ml 左右的 DNA 溶液。取 2ml DNA 溶液，加入 4ml 二苯胺试剂，摇匀，60℃恒温水浴保温 1h，观察溶液颜色反应。根据二苯胺试剂鉴定 DNA 的原理，观察 DNA 溶液是否呈现蓝色；同时设置对照组，看有无类似颜色反应。

**【注意事项】**

1. 在制备组织匀浆时,应尽量在冰浴上进行,并尽快加入预冷的 0.14mol/L NaCl - 0.1mol/L EDTA 溶液,以抑制 DNA 酶,防止 DNA 降解,提高 DNA 得率。

2. 用氯仿除去组织蛋白时,要充分混匀,使蛋白质变性。但要注意,剧烈震荡将严重切割 DNA 链,使之成为小片段。因此,当需要制备尽量完整的染色体 DNA 时,应尽量避免剧烈震荡,缓缓搅动,使氯仿/异戊醇液与提取物充分混合。

3. 本实验中,若需要提高 DNA 的纯度,可以考虑在最后添加用 RNA 酶去除 RNA 的步骤。

**【思考题】**

1. 提取液中 EDTA 的作用是什么?

2. 提取 DNA 时,氯仿、异戊醇分别起什么作用?

# 实验 16  动物组织 RNA 的提取和鉴定

**【实验目的】**

1. 学习动物组织中提取总 RNA 的原理。

2. 掌握动物组织 RNA 的提取和鉴定方法。

**【实验原理】**

在研究基因的表达和调控时,通常需要从组织和细胞中分离和纯化 RNA。RNA 质量的高低常常影响 cDNA 库、RT-PCR 和 Northern 杂交等实验的成败。由于胞内的大部分 RNA 是以核糖核蛋白(RNP)形式存在,提取 RNA 时首先利用含有蛋白质变性剂和 RNA 酶抑制剂的细胞裂解液,迅速破坏细胞,使蛋白质与 RNA 分离,释放出 RNA,同时不损坏 RNA;用苯酚、氯仿等有机溶剂处理,经剧烈震荡和离心分层后,RNA 仍留在上层水相,变性蛋白质留于中/下层而被去除;继续用氯仿处理含 RNA 的水相,可进一步除去残留的蛋白质;最后用乙醇沉淀 RNA,得到纯化的总 RNA。

RNA 的提取方法很多,其中以 Trizol 法最为通用。目前有 Trizol 总 RNA 抽提试剂盒可供选用。Trizol 试剂是一种新型的总 RNA 抽提试剂,内含异硫氰酸胍等物质,能迅速破碎细胞,并有效地抑制细胞释放出的核酸酶。该方法抽提获得的 RNA 分子比较完整,且纯度好,可以为 Northern 杂交、cDNA 合成及体外翻译等实验提供高质量的 RNA 模板。

RNA 是一类极其不稳定的生物大分子,在其制备过程中往往易发生降解,因此,要使获得的 RNA 尽可能保持其生物体内的天然状态,在提取制备操作过程中,必须严格控制操作条件,以避免过酸过碱和剧烈的搅拌。同时,RNA 极易受到 RNA 酶的降解,而 RNA 酶活性相当稳定,在环境中无处不在(广泛存在于人的皮肤上),用常规的高温高压蒸气灭菌方法和蛋白抑制剂都不能使 RNA 酶完全失活,因此,在抽提 RNA 的过程中,必须防止 RNA 酶的污染,尽量创造一个无 RNA 酶的提取环境。可使用 RNA 酶抑制剂,如焦碳酸二乙酯(DEPC)抑制外源性 RNA 酶活性;提取过程中使用 SDS、苯酚、氯仿、胍盐等蛋白变性剂,使核蛋白解聚并抑制核酸酶的活性。

RNA 的电泳鉴定:水平式琼脂糖凝胶电泳适用于核酸(DNA 或 RNA)的分离鉴定。

在 RNA 的分离鉴定和纯化单链核酸时,往往采用事先经甲醛变性处理的琼脂糖凝胶来进行电泳,因为添加甲醛等核苷酸碱基配对抑制剂可以使得 RNA 的电泳迁移率与碱基的组成及构象无关,而与其相对分子质量的对数成反比。因此变性凝胶电泳常常用于 RNA 的分级分离、RNA 长度测量等分子鉴定。

　　RNA 的化学鉴定:RNA 与浓硫酸共热即发生降解作用,生成核糖、无机磷和嘌呤碱。生成的核糖继而脱水环化形成糖醛,后者与地衣酚反应,呈鲜绿色,可用来鉴定其中的核糖。钼酸铵试剂与无机磷结合生成的磷钼酸被还原成钼蓝,以此鉴定其中的磷。嘌呤碱与硝酸银共热产生褐色的嘌呤银沉淀,以此鉴定嘌呤的存在。

　　本实验采用动物新鲜肝脏为材料提取 RNA,通过细胞裂解、苯酚/氯仿抽提、乙醇沉淀等获得 RNA;采用变性凝胶电泳和地衣酚法鉴定 RNA。

## 【实验器材和试剂】

### 1. 器材

研钵、漏斗、棉花(或纱布)、烧杯、量筒、试管、Ep 管、吸量管或移液器、比色皿等。

### 2. 仪器

电子天平、离心机、恒温水浴箱、水平电泳槽及电泳仪、可见分光光度计、制冰机等。

### 3. 材料

新鲜动物肝脏。

### 4. 试剂

(1) 0.1% DEPC 处理水:采用 0.1% DEPC(焦碳酸二乙酯)37℃处理双蒸水 12h 以上,然后高压灭菌除去残留的 DEPC,获得 DEPC 处理水。

(2) 细胞裂解液[4mol/L 异硫氰酸胍,25mmol/L 柠檬酸钠,0.5% 十二烷基肌氨酸钠,0.1mol/L β-巯基乙醇(pH 7.0)]:称取 0.64g 柠檬酸钠、0.415g 十二烷基肌氨酸钠、0.7ml β-巯基乙醇、用 DEPC 处理水定容至 50ml。取上述配制溶液 33ml,加 25g 异硫氰酸胍,混合,完全溶解,4℃保存备用。

(3) 苯酚/氯仿/异戊醇($V:V:V=25:24:1$)混合液:量取 25ml 苯酚,加入 24ml 氯仿和 1ml 异戊醇,充分混匀,移至棕色玻璃瓶内,4℃保存。

(4) 10×凝胶缓冲液:200mmol/L 吗啉代丙磺酸(MOPS)溶液(pH 7.0),100mmol/L NaAc 溶液,10mmol/L EDTA 溶液(pH 8.0),用 DEPC 处理水配制。过滤除菌,避光保存。

(5) 甲醛变性电泳的琼脂糖凝胶:称取 1.2g 琼脂糖,加入 72ml DEPC 处理水,加热熔化,冷却至 60℃,加入 10ml 10×凝胶缓冲液、18ml 37%甲醛,混匀后,倒胶。

(6) 5×变性凝胶上样缓冲液:16$\mu$l 水饱和的溴酚蓝,80$\mu$l 0.5mol/L EDTA(pH 8.0),720$\mu$l 37%甲醛,2ml 甘油,3084$\mu$l 甲酰胺,4ml 10×凝胶缓冲液,加 DEPC 处理水至 10ml。4℃可保存 3 个月。

(7) 钼酸铵试剂:取 25g 钼酸铵,溶于 300ml 蒸馏水中;另将 75ml 浓硫酸缓慢加入 125ml 蒸馏水中,混匀,冷却。将以上两液合并即为钼酸铵试剂。

(8) 地衣酚(3,5-二羟甲苯)试剂:取浓盐酸 100ml,加入三氯化铁 100mg 及二羟甲苯 100mg,溶解后置于棕色瓶中(必需临用前新鲜配制)。

(9) 其他:氯仿/异戊醇($V:V=24:1$)、2mol/L 乙酸钠(pH 4.0)、无水乙醇、1.5mol/L 硫酸溶液、5%硝酸银溶液、5%~6%氨水溶液、4%维生素 C 溶液、0.5mg/L EB 溶液等。

**【实验操作】**

1. 肝匀浆的制备

称取 0.1g 新鲜动物肝脏组织,放于研钵中(冰浴上),剪碎,加入 1ml 预冷的细胞裂解液,充分碾磨 1～2min,研成匀浆,棉花(或纱布)过滤,以除去残渣,保留滤液,转入 Ep 管。

2. RNA 的提取

加入 1/10 体积的 2mol/L 乙酸钠溶液,充分混匀;再加入等体积苯酚/氯仿/异戊醇混合液,充分颠倒混匀 1～2min,冰浴静置 10min,使核蛋白裂解;于 4℃下,10000r/min 离心 10min,充分分层,总 RNA 存在于上层水相,DNA 和蛋白质存在于有机相及两相界面;移取上清液至另一 Ep 管,加入等体积氯仿/异戊醇混合液,室温下充分振荡,混匀,静置 2min,4℃下 10000r/min 离心 5min;吸出上层清液,加 2 倍体积无水乙醇(视体积可以分装两支 Ep 管,或加入等体积异丙醇)沉淀 RNA;将沉淀于 4℃下 10000r/min 离心 15min,倾去上清液,保留沉淀物;用 50μl DEPC 处理水重悬沉淀物,得 RNA 溶液,待进一步分析鉴定。

3. 琼脂糖凝胶甲醛变性电泳检测 RNA 及完整性

取 5～10μl 溶解的 RNA,加 1～2μl 5×变性凝胶上样缓冲液,置于 Ep 管中,65℃水浴 15min,迅速转至冰浴 10min,离心数秒,使液体集中收集于管底,待上样。

上样前先将变性凝胶预电泳 5min,随后上样,以 5V/cm 凝胶的电压电泳 1.5～2h,待溴酚蓝条带迁移至凝胶长度 2/3～4/5 处,结束电泳。凝胶置于 0.5mg/L EB 溶液中染色 30min。取出凝胶体,于凝胶成像系统中观察荧光 RNA 条带,记录结果,并进一步分析提取的 RNA 分子的完整性。

4. RNA 的化学鉴定

(1) 水解

将沉淀物置于中号试管中,加入 5ml 1.5mol/L 硫酸溶液煮沸 30min。

(2) 鉴定

取水解液分别做以下实验:

① 戊糖实验:取 10 滴水解液于中号试管中,加 6 滴地衣酚试剂混合后,置沸水浴中加热 10min,观察颜色变化。

② 嘌呤实验:取 10 滴硝酸银溶液于中号试管中,加 5％～6％氨水至沉淀消散,再加入 10 滴水解液,加热 5～8min,观察颜色变化。

③ 磷酸实验:取 10 滴水解液于中号试管中,再加入 10 滴钼酸铵试剂,摇匀,再加 6 滴 4％维生素 C,摇匀,沸水浴中加热,观察颜色变化。

对照 RNA 水解物不同颜色反应的鉴定原理,记录并分析颜色反应结果。

**【注意事项】**

1. 所有金属、玻璃器皿均应在使用前于恒温干燥箱高温 180℃下干烤 6h 以上。

2. 使用新的塑料耗材,或将塑料耗材用 0.1％ DEPC 处理水浸泡后灭菌。

3. 配制的溶液应尽可能采用 0.1％ DEPC 室温处理 12h 以上,然后通过高压灭菌除去残留的 DEPC。不能高压灭菌的试剂,应当用 DEPC 处理过的无菌双蒸水配制,然后经 0.22μm 滤膜过滤除菌。

4. 操作 RNA 时需带一次性手套,且尽量不要对着 RNA 样品呼气或说话。

5. 生物体内一般含有核糖体 RNA(rRNA)、信使 RNA(mRNA)、转运 RNA(tRNA)三种主要的 RNA 分子,其中 rRNA 含量最多,提取组织总 RNA 所得最多的就是 rRNA。真核生物中含有 5S、5.8S、18S、28S,原核生物中有 5S、16S、23S。真核生物 RNA 电泳后可见 RNA 的三个条带:核糖体 RNA(rRNA)在距离胶孔较近的位置上,28S、18S 为核糖体的大、小两个亚基;第三条带,也就是跑在最前面那条为 5.8S 和 5S,因为长度差距不大,故很难在电泳中区分出来。因此 RNA 电泳后可见三个条带,则说明其完整性较好;若电泳 28S 后方还有条带,表明可能有 DNA 污染。

**【思考题】**

1. 制备 RNA 应注意哪些问题?
2. 如何区别 RNA 和 DNA?

# 实验 17　质粒 DNA 的微量快速提取

**【实验目的】**

1. 学习质粒 DNA 提取的基本原理。
2. 掌握质粒 DNA 的微量快速提取及鉴定方法。

**【实验原理】**

质粒(plasmid)是多种细菌中能进行自主复制和遗传的染色体外的遗传因子,多以共价闭合环状双链 DNA 分子形式存在,大小 1~200kb,通常作为基因工程的载体使用。

作为载体的质粒必须具备下述特点:① 具有明显的选择标记(如酶活性、抗药性等)。② 具有核酸限制性内切酶的单酶切点,要求这个切点位于质粒的非复制必需区域,并且根据需要来选择切点的位置。当用于插入失活时,切点要在标记基因内;当要求保持选择标记的完整活性时,要求切点不在标记基因内。③ 必须是非接合质粒,即不能在自然条件下从一个细胞转移到另一细胞,以免重组质粒对环境的污染。

碱裂解法分离与纯化质粒 DNA 是基于染色体 DNA 与质粒 DNA 的变性与复性的差异,从而达到抽提质粒 DNA 的效果。在 pH 12.6 的碱性条件下,染色体 DNA 的氢键断裂,解螺旋,变性;质粒 DNA 的大部分氢键断裂,但超螺旋共价闭合环状结构的两条互补链不完全分离。当用酸性高盐溶液调节 pH 至中性时,变性的质粒 DNA 重新恢复到原来的构型,保留在溶液中;但是在这种情形下染色体 DNA 不能复性,形成了网状结构;染色体 DNA 与蛋白质-SDS 复合物,不稳定的 RNA 大分子等经离心,一起沉淀下来,可被除去。

质粒 DNA 可用琼脂糖凝胶电泳做定性鉴定。质粒 DNA 样品的纯度及 DNA 含量可采用紫外分光光度检测法(见实验 13),方法如下:

① 测定 DNA 样品的 $A_{260}$ 和 $A_{280}$,计算 $A_{260}/A_{280}$ 比值,来推测样品的纯度及 DNA 含量,是目前实验室中的常用方法。

$A_{260}/A_{280}=1.7\sim1.8$,初步提示 DNA 已达到所要求的纯度。

$A_{260}/A_{280}>1.8$,提示样品中可能仍存在 RNA,可考虑用 RNA 酶处理样品。

$A_{260}/A_{280}<1.7$,表示样品中含有一定的蛋白质、酚等污染杂质,需除蛋白。

② 如用 1cm 光径石英比色皿,用水稀释 DNA 样品 $n$ 倍,并以水为空白对照,根据此时读出的 $A_{260}$ 值即可计算出样品稀释前样品中 DNA 的含量:

$$样品中 DNA 含量(\mu g/\mu l) = \frac{A_{260} \times n}{200}$$

式中：$n$ 为 DNA 测定时的稀释倍数；200 源自 $1\mu g/ml$ 的 DNA 标准溶液的 $A_{260}$ 为 0.02，因此 $1\mu g/\mu l$ 的 DNA 标准溶液的 $A_{260}$ 为 $0.02 \times 1000 = 200$。

③ 根据含量计算样品中 DNA 总量：

样品中 DNA 总量$(\mu g)$＝样品中 DNA 含量$(\mu g/\mu l) \times$ DNA 样品的总体积$(\mu l)$

若样品不纯，则比值发生变化，此时无法用分光光度法对核酸进行准确的定量分析，但可考虑用电泳后溴化乙啶染色法或其他方法进行估算。

**【实验器材和试剂】**

1. 器材

移液器、试管、Ep 管、石英比色皿等。

2. 仪器

恒温培养箱、恒温摇床、恒温水浴箱、高压灭菌锅、离心机、旋涡振荡器、制冰机、水平电泳槽及电泳仪、紫外灯检测仪或凝胶成像系统、紫外分光光度计等。

3. 材料

含高拷贝质粒 DNA 的菌株(含氨苄青霉素、四环素抗性)。

4. 试剂

(1) LB 培养液(含氨苄青霉素、四环素)：蛋白胨 1g、酵母提取物 0.5g、氯化钠 0.9g、葡萄糖 0.2g，溶于 80ml 蒸馏水中，以 1mol/L NaOH 溶液调至 pH 7.0 左右，定容至 100ml。103kPa 高压灭菌 20min，冷却后在无菌条件下加入氨苄青霉素至 $50\mu g/ml$ 和/或四环素至 $15\mu g/ml$，4℃ 保存。

(2) 固体 LB 培养基：LB 培养液中加入 2% 琼脂粉，高压灭菌，冷却至 60℃ 左右，加入氨苄青霉素至浓度为 $50\mu g/ml$ 以及四环素至浓度为 $15\mu g/ml$，混匀，立即铺平皿。

(3) 氨苄青霉素：将原装氨苄青霉素粉剂溶于无菌蒸馏水中，浓度为 50mg/ml，分装，贮于 $-20$℃ 冰箱保存。

(4) 四环素：将原装四环素粉剂溶于 50% 乙醇溶液中，浓度为 15mg/ml，分装，贮于 $-20$℃ 冰箱保存。

(5) 溶液 Ⅰ：50mmol/L 葡萄糖溶液，10mmol/L EDTA 溶液(pH 8.0)，25mmol/L Tris-HCl 溶液(pH 8.0)。

(6) 溶液 Ⅱ：0.2mol/L NaOH 溶液，1% SDS 溶液。临用前将 2mol/L NaOH 和 10% SDS 分别稀释 10 倍配制。

(7) 溶液 Ⅲ(醋酸钾溶液，pH 4.8)：5mol/L 醋酸钾 60ml，冰醋酸 11.5ml，蒸馏水 28.5ml。

(8) TE 缓冲液(pH 8.0)：10mmol/L Tris-HCl 溶液(pH 8.0)，1mmol/L EDTA 溶液(pH 8.0)。通常由 1mol/L Tris-HCl 贮备液(pH 8.0)和 0.5mol/L EDTA 贮备液(pH 8.0)配制，经高压灭菌后室温保存。

(9) RNA 酶溶液(无 DNA 酶污染)：将胰 RNA 酶(RNA 酶 A)溶于 10mmol/L Tris-HCl 溶液(pH 7.5)及 15mmol/L NaCl 溶液中，配成 10mg/ml 的浓度，于 100℃ 加热 15min，

灭活残留的 DNA 酶。缓慢冷却至室温,分装,于-20℃冰箱保存。

(10) 其他:苯酚/氯仿/异戊醇($V:V:V=25:24:1$)、氯仿/异戊醇($V:V=24:1$)、0.5×TBE 电泳缓冲液、6×DNA 上样缓冲液、0.5mg/L EB 溶液。

**【实验操作】**

**1. 细菌的培养及质粒的扩增**

取单个转化子菌落接种到含有 5ml 含氨苄青霉素(50$\mu$g/ml)、四环素(15$\mu$g/ml)LB 培养液的试管中,37℃摇床培养过夜(12~14h)。

**2. 菌体的收集及细菌的裂解**

(1) 取 1.5ml 培养液置于 Ep 管内,8000r/min 离心 1min,弃去上清液,保留菌体沉淀,吸干沉淀水分。如菌量不足,可再添加培养液,重复离心,收集菌体。

(2) 将菌体沉淀悬浮于 100$\mu$l 预冷的溶液 I 中,强烈振荡混匀。室温下放置 5min。

(3) 加入 200$\mu$l 新鲜配制的溶液 II,盖严管盖,迅速温和颠倒 Ep 管 4~5 次,以混合内容物,注意不要强烈振荡。冰上放置 3~5min。

**3. 质粒 DNA 的分离纯化**

(1) 加入 150$\mu$l 溶液 III,温和上下颠倒 10s,冰上放置 5~10min。

(2) 于 4℃下 12000r/min 离心 10min,取上清液移至另一支新的 1.5ml Ep 管中。

(3) 加入等体积苯酚/氯仿/异戊醇,振荡混匀,于 4℃或室温下 10000r/min 离心 5min,取上清液移至另一支 1.5ml Ep 管中。

(4) 加入等体积氯仿/异戊醇,振荡混匀,于 4℃或室温下 10000r/min 离心 5min,取上清液移至另一支 1.5ml Ep 管中。

(5) 加入两倍体积无水乙醇,混匀,室温下放置 10min。

(6) 于 4℃或室温下 12000r/min 离心 5min。

(7) 弃上清液,加入 1ml 的 70%乙醇漂洗沉淀。

(8) 于 4℃或室温下 12000r/min 离心 5min。

(9) 弃上清液,用消毒的滤纸条小心吸净管壁上的乙醇液滴,将 Ep 管倒置放在滤纸上,室温下使乙醇挥发 10~15min,或真空抽干乙醇 2min(不要太干,否则 DNA 不易溶解)。

(10) 沉淀溶于 10~15$\mu$l TE 缓冲液(pH 8.0)后,加入 1$\mu$l 无 DNA 酶的 RNA 酶溶液(10mg/ml),37℃水浴 15min,以除去样品中混杂的 RNA。DNA 溶液存放于 4℃待用,或-20℃贮存。

**4. 质粒 DNA 的鉴定与定量**

(1) 取 5~10$\mu$l 溶解的 DNA,加 1~2$\mu$l 6×DNA 上样缓冲液,做琼脂糖凝胶平板电泳,经 0.5mg/L EB 溶液染色后,在紫外灯检测仪或凝胶成像系统中观察荧光 DNA 条带,记录结果,估算 DNA 浓度和 DNA 总量。

(2) 取 5$\mu$l DNA 溶液,以双蒸水稀释至 3ml,用石英比色皿,于紫外分光光度计上测定 $A_{260}$ 和 $A_{280}$ 值。计算 $A_{260}/A_{280}$ 比值,判断其纯度,计算 DNA 浓度和 DNA 总量。

**【思考题】**

1. 为什么采用碱变性裂解法提取质粒 DNA?

2. 碱变性裂解法提取质粒过程中,溶液 II(氢氧化钠与 SDS)、溶液 III(醋酸钾)、苯酚、氯仿等试剂的作用分别是什么?

# 实验 18　PCR 基因扩增技术

## 【实验目的】

1. 学习 PCR 基因扩增技术的原理。

2. 掌握 PCR 基因扩增技术的具体操作方法。

## 【实验原理】

PCR 技术是在体外通过 DNA 的聚合酶链式反应(polymerase chain reaction)大量扩增目标 DNA 片段的技术。该技术在基因克隆、遗传疾病的诊断、刑侦破案、食品检测等方面都有着广泛的应用。

PCR 技术是以待扩增的 DNA 为模板,将与待扩增的目标基因 DNA 两侧互补的两个人工合成的寡核苷酸作为上下游引物(一般为 20~25 个碱基),在四种底物(四种三磷酸脱氧核苷酸 dNTP)、$MgCl_2$ 和 DNA 聚合酶存在的条件下,经变性、复性和延伸过程,扩增目标基因 DNA。通过多次反复的循环后,能使微量的特异模板 DNA 得到极大程度的扩增(图 2 - 10)。

PCR 大量扩增目标 DNA 片段需经过以下 3 个步骤组成的循环反应:

① 高温变性:高温(94~96℃)加热,使模板 DNA 变性,双链 DNA 间的氢键断裂,形成两条单链 DNA。

② 低温退火(复性):使反应溶液温度迅速降至 50~60℃,单链的模板 DNA 即可分别与两个上下游引物按碱基配对原则互相结合。

③ 中温延伸:再将溶液温度迅速升高至 72℃,DNA 聚合酶以单链 DNA 为模板,在引物引导下,利用反应混合物的 4 种三磷酸脱氧核苷酸(dNTP)底物,按 5'→3'方向复制出互补 DNA。

通过上述 3 步反应,样本中的 DNA 量即可增加一倍。新形成的链又可作为下一轮循环的模板,经过 25~30 个循环后,DNA 数量可扩增 $10^6$~$10^9$ 倍。一个目的 DNA 片段经过 30 次循环后,理论上能生成大约 10 亿个这样的片段($2^n = 2^{30} = 1073741824$)。

本实验通过提取人体细胞中的染色体 DNA 样品,经 PCR 扩增(扩增 Y 染色体 DNA 所特有的 DYZ1 序列)、2% 琼脂糖凝胶电泳和电泳结果的紫外观察,依据结果是否有 DYZ1 特异序列的扩增带来判断。在正常情况下,如果有扩增片段(300bp 的特异性 DNA 片段),说明细胞中有 Y 染色体,为男性样品;如果没有该扩增片段,说明细胞中没有 Y 染色体(或实验不成功),疑为女性样品。该特异序列的 PCR 扩增是应用 PCR 技术进行性别鉴定的最早方法。

## 【实验器材和试剂】

1. 器材

消毒牙签、移液器、Ep 管、PCR 反应管、剪刀、一次性手套等。

2. 仪器

旋涡振荡器、恒温水浴箱、离心机、PCR 仪、水平电泳槽及电泳仪、紫外灯检测仪或凝胶成像系统。

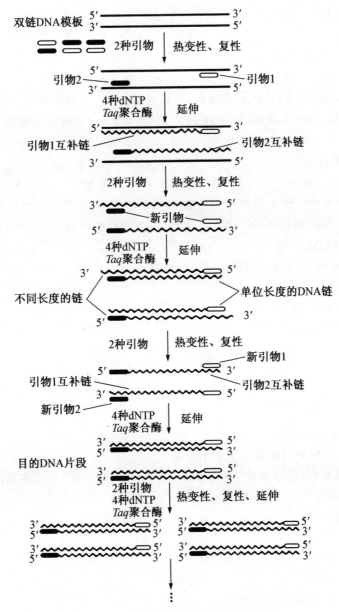

图 2-10 聚合酶链式反应(PCR)示意图

## 3. 材料

口腔上皮细胞、人毛(发)囊。

## 4. 试剂

(1) 细胞裂解液：200mmol/L NaCl,20mmol/L Tris-HCl(pH 8.0),50mmol/L EDTA (pH 8.0),50μg/ml 蛋白酶 K,1% SDS。

(2) PCR 反应液：内含 10×PCR 缓冲液、四种 dNTP、两种上下游引物 1 和引物 2、DNA 聚合酶(Taq 酶)。PCR 试剂盒由浙江大学生物实验教学中心提供。

(3) 其他：2%琼脂糖凝胶、0.5×TBE 电泳缓冲液、6×DNA 上样缓冲液、0.5ml/L EB 溶液。

【实验操作】

1. 样品处理

(1) 口腔上皮细胞样品

用消毒牙签擦取口腔上皮细胞,将带有口腔上皮细胞的牙签放入 1.5ml Ep 管中。加 80μl 细胞裂解液,旋涡振荡悬浮上皮细胞,去牙签,置 50℃ 水浴中保温 20min,再置 95℃ 水浴中保温 10min 后,12000r/min 离心 3min。取 5μl 上清液(为提取的模板 DNA)进行 PCR 扩增。

(2) 头发发根样品

剪取带有毛(发)囊的头发发根(毛发根乳头)2～3 根,放入 1.5ml Ep 管中,加 80μl 细胞裂解液(将头发发根头浸入裂解液中),置 50℃ 水浴中保温 20min,再置 95℃ 水浴中保温 10min 后,12000r/min 离心 3min。取 5μl 上清液(为提取的模板 DNA)进行 PCR 扩增。

2. 加样及 PCR 扩增

(1) 在 0.2ml PCR 反应管内加入以下反应物:

| | |
|---|---|
| 10×PCR 缓冲液 | 5μl |
| 25mmol/L MgCl₂ 溶液 | 4μl |
| 10mmol/L 4 种 dNTP | 1μl |
| 引物 1 | 0.5μl |
| 引物 2 | 0.5μl |
| 模板 DNA | 10μl |
| *Tag* DNA 聚合酶 | 0.5μl |
| 加双蒸水至总体积 50μl | 若干 |
| 液体石蜡(PCR 仪本身带有热盖就不需加) | 20μl |

(2) 设置阴性对照(反应体系中不加模板 DNA)和阳性对照(反应体系中加入试剂盒中的阳性对照)各 1 个。

① 94℃ 预变性 120s;

② 94℃ 变性 30s;

③ 55℃ 复性 30s;

④ 72℃ 延伸 30s;

⑤ 重复② ～④ 步骤,30 个循环;

⑥ 最后 72℃ 延伸 5min;

⑦ 4℃ 保温。

(3) 取 PCR 扩增的产物 DNA 10μl 反应液,经 2% 琼脂糖凝胶电泳和 EB 染色后,在紫外灯下观察结果。若出现与阳性对照相同的条带为 DYZ1 阳性,分析其模板来源为男性;若没有出现阳性结果,则疑为女性。

【注意事项】

1. 出现假阴性的原因及解决办法

假阴性即 PCR 反应不出现扩增条带。成败的关键因素有模板的制备、引物的质量与特异性、Mg²⁺ 浓度、酶的质量及温度控制等条件,具体如下:

(1) 模板中含有杂蛋白质、酚类物质及 *Taq* 酶抑制剂。

（2）引物质量差、浓度低及两条引物的浓度不一致，是 PCR 失败或扩增条带不理想的常见原因。对策是找一家质量好的引物合成单位；要注重对引物原液做琼脂糖凝胶电泳，一定要有引物条带出现，而且两引物条带的亮度应大体一致，在稀释引物时要平衡其浓度；引物应高浓度小量分装保存，防止多次冻融，会导致引物变质失效；引物设计不合理，如长度不够，引物易形成二聚体，应重新设计引物等。

（3）$Mg^{2+}$ 离子浓度对 PCR 扩增效率影响很大。浓度过高会降低 PCR 扩增的特异性；浓度过低则影响 PCR 扩增产量，甚至令反应失败。

（4）酶失活或忘加 *Taq* 酶，或忘加 EB 也会出现假阴性。

（5）温度控制不当。如变性温度低，变性时间短，极有可能出现假阴性；退火温度过低，可导致非特异性扩增；退火温度过高，影响引物与模板的结合，降低 PCR 扩增效率。

**2. 出现假阳性的原因及解决办法**

假阳性是指出现的 PCR 错误扩增条带与目的靶序列条带一致，有时它较后者更整齐，亮度更高。原因有：

（1）引物设计不合适。选择的扩增序列与非目的扩增序列有同源性，靶序列太短或引物太短，容易出现假阳性。需重新设计引物。

（2）靶序列或扩增产物的污染，导致假阳性。解决方法为：① 操作时应小心轻柔，尽量不说话，防止将靶序列吸入移液器内或溅出管外。② 除酶及不能耐高温的物质外，所有试剂或器材均应高温消毒。所用离心管及移液器吸头等均应一次性使用。

**3. 出现非特异性扩增条带的原因及解决办法**

有时，PCR 扩增后出现的条带与预期结果不一致，或大或小，或者同时出现特异性条带与非特异性条带。非特异性条带的出现原因有：引物与靶序列不完全互补或引物聚合形成二聚体；$Mg^{2+}$ 离子浓度过高，退火温度过低及 PCR 循环次数过多；酶的来源不同及酶量过多等。需通过重新设计引物、减少酶量或更换酶、适当提高退火温度、增加模板量、减少循环次数等方法解决。

**4. 出现片状拖带的原因及解决办法**

PCR 扩增有时出现片状拖带，其往往是由于酶量过多、酶的质量差、dNTP 浓度过高、$Mg^{2+}$ 浓度过高、退火温度过低、循环次数过多等因素引起的。通常可通过减少酶量或更换酶、减少 dNTP 的浓度、适当降低 $Mg^{2+}$ 浓度、增加模板量、减少循环次数等手段来解决。

**【思考题】**

1. PCR 反应的原理是什么？

2. PCR 反应需要哪些组分？各有什么作用？

# 实验 19　Southern 印迹杂交

**【实验目的】**

1. 学习 Southern 印迹杂交技术的基本原理。

2. 通过 Southern 印迹杂交技术学习 DNA - DNA 分子杂交的实验操作。

**【实验原理】**

按照 Chargaff 规则，在一定条件下，两条单链 DNA 分子（或者一条 DNA 与另一条

RNA 分子)中的互补序列能够特异配对形成氢键,形成双链 DNA 分子。Southern 印迹杂交是将特定 DNA 片段作为标记探针,与待测的 DNA 分子进行杂交,从而获悉待测 DNA 分子中是否存在与探针同源序列的一项分子杂交技术。Southern 印迹杂交技术目前已经被广泛应用于克隆基因的酶切图谱分析、基因定位及定量分析、基因突变分析以及限制性长度多态性(RFLP)分析等方面。

Southern 印迹杂交技术包括两个主要步骤:① 把电泳分级的 DNA 变性,并转移到固相支持膜(尼龙膜或硝酸纤维素膜)上。经典的印迹方法是利用吸水纸提供的虹吸作用,将凝胶中的 DNA 转移到尼龙膜(或硝酸纤维素膜)上,膜上 DNA 的相对位置保持不变。现在一般实验室里也通常配有专门的电转膜装置。② 用 DNA 探针悬浮于杂交缓冲液中,与目标 DNA 进行杂交,洗去多余的探针,经放射自显影分析并确定同源序列在膜上的相对位置和丰度。

地高辛标记法是一种非放射性物质标记核酸探针的方法。地高辛(Digoxin,Dig)为固醇类的半抗原,通过酯键连接到 dUTP 上形成 Dig-dUTP。利用 DNA 聚合酶反应体系,将 Dig-dUTP 和 dNTP 掺入到新合成的探针 DNA 片段中。掺入探针的 Dig 可与碱性磷酸酶(AP)上连接的抗 Dig 的 Fab 抗体结合。AP 水解底物为 5 -溴- 4 -氯- 3 -吲哚磷酸盐(BCIP)。BCIP 脱磷酸化,聚合形成蓝色化合物 NBT,NBT 作为电子受体,接受 BCIP 脱磷酸过程中释放的电子,被还原后呈紫色。

本实验通过传统的毛细管转膜法,开展 DNA-DNA 分子杂交实验,验证动物组织上提取的基因组经过酶切后的 DNA 片断中是否含有目标片段。

## 【实验器材和试剂】

1. 器材

烧杯、试管、离心管、吸量管或移液器、Ep 管、硝酸纤维素膜(或尼龙膜)、Whatman 3MM 滤纸、吸水纸、玻璃平底盘、剪刀、镊子、Parafilm 膜、塑料袋、转膜装置、杂交管、一次性手套等。

2. 仪器

微波炉、恒温水浴箱、制冰机、旋涡振荡器、水平电泳槽及电泳仪、紫外灯检测仪、凝胶成像系统、凝胶摇床、杂交箱、真空烤箱等。

3. 材料

DNA 提取物。

4. 试剂

(1) 变性液:含 1.5mol/L NaCl,0.5mol/L NaOH。

(2) 中和液:含 1.5mol/L NaCl,1mol/L Tris-HCl(pH 8.0),高压灭菌,室温保存备用。

(3) 转移液(20×SSC):含 3mol/L NaCl,0.3mol/L 柠檬酸三钠,用 1mol/L HCl 调 pH 至 7.0,定容后高压灭菌,室温保存。

(4) 10% SDS 溶液:配制时需 68℃加热助溶,浓盐酸调 pH 至 7.2,定容后室温保存。

(5) 地高辛标记和检验试剂盒(Dig High Prime DNA Labeling and Detection Starter Kit I):Roche 公司产品,内含六个核苷酸碱基的随机引物、dNTP 标记混合液、Klenow 酶等试剂。

(6) 预杂交液(Dig Easy Hyb Granules)：Roche 公司产品。

(7) 杂交液：预杂交液中加入探针，即为杂交液。

(8) 洗膜缓冲液 I：含 2×SSC,0.1% SDS。用 20×SSC 和 10% SDS 溶液配制。

(9) 洗膜缓冲液 II：含 0.5×SSC,0.1% SDS。用 20×SSC 和 10% SDS 溶液配制。

(10) 马来酸缓冲液：含 0.1mol/L 马来酸,0.15mol/L NaCl,固体 NaOH 调 pH 至 7.5。

(11) 1×封闭液：用马来酸缓冲液 1∶10 稀释 10×封闭液(Roche 公司产品),制备成 1×封闭液。

(12) 抗体溶液：10000r/min 离心 5min,取上清淡,为抗地高辛-AP 抗体,从表面吸取适量溶液,用封闭液 1∶15000 稀释后备用。

(13) 底物显色液：在 10ml 检测液中加入 BCIP/NBT 贮备液(Roche 试剂盒提供) 200μl。现配,避光保存。

(14) 洗液：含 0.1mol/L 马来酸,0.15mol/L NaCl,pH 7.5,0.3%Tween20。

(15) 检测液：含 0.1mol/L Tris-HCl,0.1mol/L NaCl,pH 9.5。

(16) 其他：灭菌双蒸水、10×缓冲液、λDNA、EcoR I 酶切试剂盒、无水乙醇、1% 琼脂糖凝胶、酶切相对分子质量标记物、0.5mg/L EB 溶液等。

【实验操作】

1. 总 DNA 的提取

方法见实验 15。

2. DNA 标记探针的制备(教师提前准备)

取 1μg 目的 DNA,加灭菌双蒸水至 16μl,在沸水中放置 5min(注：由于 Dig-dUTP 中连接地高辛和 dUTP 的酯键在碱性条件下不稳定,因此地高辛标记的探针只能煮沸变性,不能碱变性),然后在冰浴中骤冷 5min。

利用地高辛标记和检验试剂盒,反应体系如下：

| | |
|---|---|
| 变性 DNA(沸水浴 5min,迅速冰浴) | 16μl |
| 六核苷酸随机引物 | 2μl |
| dNTP 标记混合液(含地高辛 Dig-11-dUTP) | 2μl |
| Klenow 酶 | 1μl |

将上述试剂混匀,37℃温育 1~20h,65℃ 加热灭活 Klenow 酶 10min,再经乙醇沉淀,获得 20~50μl 探针 DNA 溶液。

3. 基因组 DNA 酶切和电泳

基因组 DNA 很长,需要将其切割成大小不同的片段之后才能用于杂交分析,通常用限制性内切酶来切割 DNA。酶切 DNA 后,65℃加热 20min 灭活限制性内切酶。酶切样品可以直接进行电泳分离,必要时可进行乙醇沉淀,浓缩 DNA 样品后再进行电泳分离。

采用酶切试剂盒,在 200μl Ep 管中加入如下物质：

| | |
|---|---|
| DNA 样品(约 10μg λDNA) | 25μl |
| 限制性内切酶 EcoR I(10U/μl) | 3μl |
| 相应的 10×缓冲液 | 5μl |
| 双蒸水 | 17μl |

将上述试剂混匀,快速离心后,放于 37℃温育 3h,65℃温育 20min,4℃保存备用。分别

吸取 $10\mu l$ 酶切产物(可设置相对分子质量标记对照),进行 1‰琼脂糖凝胶电泳。EB 染色后观察电泳结果,凝胶成像系统拍照,记录电泳结果及条带。

4. 转膜

(1)变性

电泳后的凝胶切除无用部分,切去左下角以便定位。凝胶变性、中和等操作在玻璃平底盘中进行。室温下将胶完全浸泡在变性液中 1h,在凝胶摇床上轻摇。无菌水漂洗凝胶一次。浸泡于适量中和液中 30min,不间断轻摇。换新鲜中和液,继续浸泡 15min。

(2)转移(原位转移)

带一次性手套操作,具体操作见图 2-11。切取与凝胶大小相同的硝酸纤维素膜(对于 0.5kb 以下的小分子 DNA,与硝酸纤维素膜结合不牢,转移时容易丢掉,可选用尼龙膜)。将硝酸纤维素膜浸泡于双蒸水中,使其完全湿润,然后浸泡于 $20\times SSC$ 中 5min。将中和后的凝胶倒扣在滤纸的中央,两者之间不能有气泡。凝胶四周用 Parafilm 膜和塑料袋封严,将湿润的硝酸纤维素膜覆盖于凝胶上,注意避免出现气泡。在硝酸纤维素膜上再覆盖两层 $2\times SSC$ 湿润的滤纸。滤纸上覆盖吸水纸,其上覆盖一玻璃板,并压 500g 左右的物品。静置过夜后,取下凝胶和硝酸纤维素膜,用铅笔标注点样孔位置,硝酸纤维素膜与凝胶切角处做好标记,紫外光下检查转移情况(观察原来膜上的 DNA 滞留情况)。

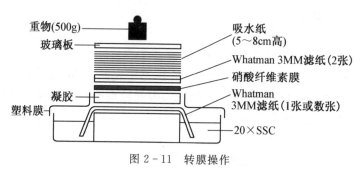

图 2-11 转膜操作

5. 固定

$6\times SSC$ 浸泡硝酸纤维素膜 5min。将膜夹于两层滤纸之间,进行固定。常用固定方法有四种,根据实验室条件,可任选其一:

(1)紫外线固定:使用长波紫外线照射 10~20min,简单漂洗后干燥备用。

(2)尼龙膜置真空烤箱中,120℃烘烤 30min。

(3)硝酸纤维素膜置真空烤箱中,80℃减压烘烤 2~2.5h,以避免硝酸纤维素膜自溶。

(4)若无真空烤箱,亦可在普通烤箱中 65~70℃烘烤 3~4h,也能达到固定目的。

固定后,将膜封于塑料袋中,保存于干燥处,待杂交。

6. 杂交

将 DNA 面朝向内,将硝酸纤维素膜卷好,放于杂交管中。

加入 37~42℃预热的预杂交缓冲液(10ml/100cm² 膜),将杂交管置于杂交箱中,37~42℃温育(预杂交)30min。

将探针(25ng/ml)在沸水浴中处理 5min 后,插入冰浴中骤冷,使其变性。

将变性的探针加入预杂交液中(杂交管直立,将探针小心加入预杂交液中,避免直接加到膜上),在杂交箱中温育 4h 以上或过夜(37~42℃),使探针与固定在硝酸纤维素膜上的

DNA 分子能够充分地进行分子杂交。

7. 洗膜

倒掉杂交液,用洗膜缓冲液Ⅰ在室温下洗膜 2 次,每次 5min。

用 65℃ 预热的洗膜缓冲液Ⅱ在 65℃ 下洗膜 2 次,每次 15min。

8. 检测

用洗液漂洗尼龙膜 5min。

在 100ml 1× 封闭液中温育 30min。

在 20ml 抗体溶液中温育 30min。

在 100ml 洗液中漂洗 2 次,每次 15min。

在 20ml 检测液中平衡 5min。

在 10ml 底物显色液中温育数分钟至 16h(应避光,可短时间见光以查看显色情况)。

用 50ml 灭菌双蒸水漂洗终止显色反应,可观察杂交结果。

**【注意事项】**

1. 转膜必须充分,要保证 DNA 已转到膜上。将 DNA 从凝胶中转移到固体支持物上的方法主要有 3 种:① 毛细管转移,此法转移效率较低。② 电转移,可用特定的电转膜装置,将 DNA 变性后,转移至带电荷的膜上。③ 真空转移,利用多种真空转移的商品化仪器进行转移。

2. 杂交条件适当及漂洗充分是保证阳性结果和背景反差对比度高的关键步骤。洗膜不充分会导致背景深;洗膜过度又可能导致假阴性。

3. 探针浓度适当是获得理想杂交检测的关键因素。若浓度太高,会造成本底太深;浓度太低,又会使信号减弱。建议预先做模拟杂交实验,获取探针的适合浓度。

**【思考题】**

1. 杂交实验中各步试剂的作用是什么?

2. 分子杂交的特异性取决于什么?

# 实验 20  Northern 印迹杂交

**【实验目的】**

1. 学习 Northern 印迹杂交技术的基本原理。

2. 掌握利用 Northern 印迹杂交技术对目的 RNA 进行定性和定量分析。

**【实验原理】**

具有一定同源性的两条核酸单链在一定的条件(适宜的温度及离子强度等)下,可按碱基互补配对原则退火形成双链。Northern 印迹杂交技术是用已知核酸片段作为探针,与待检测的 RNA 分子进行杂交,从而用来检查基因组中某个特定基因是否得到转录,是分析基因表达的一项重要技术。Northern 杂交中待检测的 RNA 是从细胞分离纯化得到,探针需加以示踪标记。

Northern 印迹杂交技术主要包括以下操作步骤:① 将提取的待测核酸(分离的 mRNA 或总 RNA)进行凝胶电泳分离;② 将分离的 RNA 从凝胶上转到尼龙膜(或硝酸纤维素膜)

上,转移后的 RNA 将保持其电泳分离的相对位置不变(原位转移);③ 用标记的探针与尼龙膜(或硝酸纤维素膜)上的 RNA 进行杂交;④ 洗去未杂交的游离的探针分子,通过放射自显影确定标记的探针的位置。

由于探针已与待测 RNA 中的同源序列形成杂交分子,探针分子显示的位置及其量的多少反映了待测 RNA 中是否存在可杂交的组分、分子大小及含量,从而了解该目的基因在转录水平的表达情况。目前,Northern 印迹杂交技术广泛应用于特定基因的 mRNA 表达水平的研究,是大多数人类遗传疾病连锁分析和定位克隆的重要的实验研究手段,有助于这些疾病候选基因的筛选。

本实验通过 RNA 电泳分离、电转膜、RNA-DNA 分子杂交实验,验证动物组织上提取的 mRNA 中是否含有目标片段。

**【实验器材和试剂】**

1. 器材

移液器、离心管、杂交管、烧杯、量筒、三角瓶、玻璃平皿、玻棒、尼龙膜(或硝酸纤维素膜)、滤纸、吸水纸、透明尺、刀片、镊子、一次性手套等。

2. 仪器

微波炉、恒温水浴箱、高压蒸汽灭菌锅、旋涡振荡器、水平电泳槽及电泳仪、紫外灯检测仪、凝胶成像系统、电转膜装置、UV 自动交联仪、杂交箱、真空烤箱、制冰机等。

3. 材料

RNA 提取物。

4. 试剂

(1) 转移液($20 \times SSC$):含 3mol/L NaCl,0.3mol/L 柠檬酸三钠,用 1mol/L HCl 调 pH 至 7.0,定容后高压灭菌,室温保存。

(2) 预杂交液(Dig Easy Hyb Granules):Roche 公司产品。

(3) 杂交液:预杂交液中加入探针,即为杂交液。

(4) 洗膜缓冲液 I:含 $2 \times SSC$,0.1%SDS。用 $20 \times SSC$ 和 10%SDS 溶液配制。

(5) 洗膜缓冲液 II:含 $0.5 \times SSC$,0.1%SDS。用 $20 \times SSC$ 和 10%SDS 溶液配制。

(6) 其他:地高辛 Dig 标记的 DNA 探针(提供体外转录试剂盒)、DEPC 处理水、0.5mg/L EB 溶液、RNA 相对分子质量标记物、$2 \times SSC$ 液、$1 \times$ 封闭液、抗体溶液、底物显色液、洗液、检测液等。

**【实验操作】**

1. RNA 的提取

方法见实验 16。

2. 变性胶的制备

方法见实验 16。

3. 样品的制备

$10 \mu l$ RNA($20 \mu g$)和 $2.5 \mu l$ $5 \times$ 变性凝胶上样缓冲液混匀,65℃温浴 15min。置冰上。

4. 电泳

上样(约 $15 \sim 40 \mu l$),50V 电泳(电泳约 2h),直至溴酚蓝跑到凝胶边缘为止。可用已知相对分子质量的 RNA 作为标准相对分子质量参照物。

5. 电泳结果分析

电泳结束后,带一次性手套操作,切下标准相对分子质量参照物的凝胶条,浸入含 0.5mg/L EB 的染色液中浸泡 30～40min,采用凝胶成像系统,将凝胶放在保鲜膜上,紫外灯下观察 RNA。把透明尺和凝胶对齐,在紫外灯下拍照,测量每个 RNA 条带到加样孔的距离。以 RNA 片段大小 $\log_{10}$ 值对 RNA 条带的迁移距离作图,以此为将要杂交检测到的 RNA 杂交条带的相对分子质量的大小计算做准备。

6. 转膜

将变性 RNA 电转移至尼龙膜(注意戴一次性手套操作),操作如下:

(1) 用刀片将凝胶割断,切掉未用的凝胶边缘区域,把含有变性 RNA 片段的凝胶置于在玻璃平皿中。

(2) 在一个大的玻璃平皿中,放置一个小玻璃平皿或一叠玻璃作为平台,上面放一张滤纸,倒入 20×SSC 缓冲液使液面略低于平台表面,当平台上滤纸湿透后,用玻棒赶出所有气泡。

(3) 切取与凝胶大小一致的一块尼龙膜,用 DEPC 处理水完全浸湿后,转入 20×SSC 缓冲液再浸泡半小时,待用。

(4) 凝胶置于平台上湿润的滤纸中央,滤纸和凝胶之间不能有气泡。

(5) 将尼龙膜放在凝胶上,小心不要使其再移动,赶出气泡,做好记号。

(6) 尼龙膜上覆盖另一层滤纸(经 20×SSC 缓冲溶液浸泡)。

(7) 将电转膜装置的支持框小心置于胶/膜/滤纸四周,接上电极(确保电极插头连接正确),盖上安全盖,接上电源,按照 $3mA/cm^2$ 设定转膜恒流电流,转膜时间一般为 30～60min。

7. 交联

电转膜结束后,用 2×SSC 缓冲液漂洗尼龙膜,取出晾干,夹在两层滤纸中间。采用紫外线固定方法,在 UV 自动交联仪中,使用长波紫外线照射 10～20min,可促进 RNA 上小部分碱基与膜表面带正电荷的氨基形成交联结构,以增强杂交信号。交联后干燥备用。

8. 预杂交

采用实验 19 类似方法。将膜的反面紧贴杂交瓶,加入预杂交液 5ml,于 42℃杂交箱中预杂交 3h。

9. 杂交

采用实验 19 类似方法。将变性的 DNA 探针(将用 25ng Dig 标记的 DNA 探针,经 95～100℃变性 5min,冰浴 5min 后加入杂交液中),于 42℃杂交箱中杂交 16h。

10. 洗膜

方法见实验 19。

11. 检测

方法见实验 19。

**【注意事项】**

1. 由于涉及 RNA 分离及转移,因此所有操作均应避免 RNA 酶的污染,严格遵照实验 19 的各项注意事项。

2. 电转膜装置一般附有冷却设备,因为电转膜过程中转移体系的温度升高,必须使用循环冷却水。

3. 电转移法不宜采用硝酸纤维素膜,因为该膜结合 RNA 依赖高盐溶液,而高盐溶液在电泳过程中会破坏缓冲体系,造成 RNA 损伤,所以最好是使用尼龙膜。

4. 含甲醛的凝胶在 RNA 转移前需用经 DEPC 处理水淋洗数次,以除去甲醛。如果琼脂糖浓度高于 1%,或凝胶厚度大(大于 0.5cm),或待分析的 RNA 大于 2.5kb,需用 0.50mmol/L NaOH 溶液浸泡凝胶 20min(部分水解 RNA 并提高转移效率),浸泡后,经 DEPC 处理水淋洗凝胶,并用 20×SSC 浸泡凝胶 45min,然后再转膜。

5. 上色的 RNA 胶体要尽可能少地接触紫外光,若接触太多或在白炽灯下暴露过久,会导致 RNA 信号减弱。

**【思考题】**

1. Northern 印迹杂交技术可以开展哪些应用?

2. Northern 印迹杂交技术和 Southern 印迹杂交技术有哪些不同点?

# 第三章　酶类实验

酶是一大类生物催化剂,其化学本质主要是蛋白质,极少数是核酸(核酶)。酶的催化作用具有效率高、专一性强、严格的可调控性等特点,这些特点取决于酶的结构。细胞内任何一种酶的缺失、突变、表达不足、表达过量或活性受到抑制等都有可能给细胞的生命活动带来影响,这种影响有时还是灾难性的,许多遗传性疾病就是由酶基因的突变引起的。酶的结构与功能的关系、酶反应动力学及作用机制、酶活性的调节控制等组成了酶学研究的基本内容。

酶与人类生活和生产活动关系十分密切,人体的众多疾病也与酶的异常有关,同时,许多治疗疾病的药物也可以特定的酶为作用的靶标。开展对一些常见病和严重危害人类健康的疾病的酶学研究,有助于进行疾病预防、诊断和治疗。如血清中肌酸激酶同工酶的电泳图谱可用于诊断冠心病,血清转氨酶的活性测定用于肝病诊断,血清和尿中淀粉酶的活性测定用于胰腺炎诊断等。

## 实验 21　影响酶活性的因素

### 【实验目的】

1. 理解和领会不同因素对酶活性影响的原理。
2. 掌握不同因素对酶活性影响的评价方法。
3. 正确解释实验中各试管内溶液颜色变化的原因。

### 【实验原理】

酶的活性研究常常是通过测定酶所作用的底物或产物在酶作用前后产生的变化来实现的。

本实验以唾液淀粉酶作用于底物淀粉为例,在不同环境条件下(温度、pH、激活剂与抑制剂等),该酶分解淀粉生成各种糊精和麦芽糖等水解产物的变化有规律,以此来观察淀粉酶的活性。

唾液淀粉酶对淀粉的水解过程如下:

　　　　　　淀粉 → 紫色糊精 → 红色糊精 → 麦芽糖

与碘反应：　蓝色　　　紫色　　　　红色　　　　无色

### 【实验器材和试剂】

1. 器材

比色盘、吸量管、滴管、试管、烧杯、漏斗、纱布等。

**2. 仪器**

恒温水浴箱。

**3. 材料**

唾液。

**4. 试剂**

(1) 0.5%淀粉溶液：取淀粉0.5g加蒸馏水少许搅拌成糊状,然后用煮沸的1%氯化钠溶液稀释至100ml。

(2) 碘溶液：取2g碘化钾及1.27g碘,溶解于200ml蒸馏水中,使用前用水稀释5倍。

(3) 磷酸氢二钠-柠檬酸缓冲液(pH 5.0、pH 6.6、pH 8.0)：配制方法见附录一。

(4) 其他：0.5%氯化钠溶液、1%硫酸铜溶液。

**【实验操作】**

**1. 唾液淀粉酶的制备**

每人用自来水漱口3次,然后取20ml蒸馏水含于口中,1min后吐入烧杯中,纱布过滤,取10ml滤液,稀释至20ml为稀释唾液,供实验用。

**2. 温度对酶活性的影响**

(1) 取3支试管,编号为1~3号,按表2-11所示操作。

表2-11　温度对酶活性的影响加样表

单位：ml

| 试　剂 | 试管编号 | | |
|---|---|---|---|
| | 1 | 2 | 3 |
| 0.5%淀粉溶液 | 3.0 | 3.0 | 3.0 |
| 稀释唾液 | 1.0 | 1.0 | 1.0 |
| 温度 | 0℃水浴 | 37℃水浴 | 沸水浴 |

(2) 以上各管摇匀后,放入各自的不同温度的水浴中,在白色比色盘上,各孔滴加碘液2滴,每隔1min,从第2管中取反应液1滴与碘溶液混合,观察颜色变化。

(3) 待第2管中反应液遇碘不发生颜色变化时,把3支试管从各自的水浴中取出(第3管要冷却),向各管加入碘液2滴,摇匀,观察并记录各管颜色变化,说明温度对酶活性的影响。

**3. pH对酶活性的影响**

(1) 取3支试管,编号为1~3号,按表2-12所示操作。

(2) 以上各管摇匀后,放入37℃水浴中保温,每隔1min从第2管中取反应液1滴与碘溶液混合,待反应液不变色时,向各管内加入2~3滴碘溶液,充分混匀,观察并记录各管颜色,解释pH对酶活性的影响。

表 2 - 12　pH 对酶活性的影响加样表

单位：ml

| 试　剂 | 试管编号 | | |
|---|---|---|---|
| | 1 | 2 | 3 |
| 0.5% 淀粉溶液 | 3.0 | 3.0 | 3.0 |
| pH 5.0 缓冲液 | 1.0 | — | — |
| pH 6.6 缓冲液 | — | 1.0 | — |
| pH 8.0 缓冲液 | — | — | 1.0 |
| 稀释唾液 | 1.0 | 1.0 | 1.0 |

**4. 激活剂和抑制对酶活性的影响**

(1) 取 3 支试管，编号 1～3 号，按表 2 - 13 所示操作。

表 2 - 13　激活剂和抑制剂对酶活性的影响加样表

单位：ml

| 试　剂 | 试管编号 | | |
|---|---|---|---|
| | 1 | 2 | 3 |
| 0.5% 淀粉溶液 | 2.0 | 2.0 | 2.0 |
| 1% $CuSO_4$ 溶液 | 1.0 | — | — |
| 0.5% NaCl 溶液 | — | 1.0 | — |
| 蒸馏水 | — | — | 1.0 |
| 稀释唾液 | 1.0 | 1.0 | 1.0 |

(2) 将 3 支试管放入 37℃水浴中，每隔 1～2min 在比色盘上用碘溶液检查第 2 管，待碘溶液不变色时，再向各管内加入碘溶液 1～2 滴，观察并记录各管颜色，解释结果。

观察记录实验结果，并正确解释实验中颜色变化的原因。

**【注意事项】**

1. 把握准确的保温时间是实验成功的关键。用滴管取试管内溶液前后，应将溶液混匀，取出保温液后，滴管应放回试管中一起保温。

2. 每组试管加样时，总是最后加酶液，一加入即开始计时。每次加入酶液后，务必充分混匀。

**【思考题】**

1. 酶的最适 pH 是酶的特征性物理常数吗？它与哪些因素有关？

2. 什么是酶的最适 pH？pH 改变对酶活性有何影响？

3. 抑制剂与变性剂有何不同？

# 实验 22   酶的竞争性抑制作用

【实验目的】

通过实验加深对酶的竞争性抑制作用的理解。

【实验原理】

在化学结构上与底物类似的抑制剂,能与底物竞争与酶分子的活性中心结合,抑制酶的活性。其抑制的程度与抑制剂与底物两者浓度的比例有关。如果底物浓度不变,酶活性的抑制程度随抑制剂的浓度增加而增加,反之,若抑制剂的浓度不变,则酶活性随底物浓度的增加而逐渐恢复,这种类型的抑制称之为竞争性抑制。

草酸、丙二酸等与琥珀酸(即丁二酸)的结构相似,所以能竞争性抑制琥珀酸脱氢酶的活性。琥珀酸脱氢酶属于黄素酶类脱氢酶,其作用是催化琥珀酸脱氢氧化成延胡索酸(即反丁烯二酸)。在生理情况下,脱下的氢可经呼吸链的传递,最后与氧结合成水,并释放出能量。但在体外可用亚甲蓝(蓝色)作为氢受体,接受琥珀酸脱下的氢而被还原成甲烯白(白色)。借其颜色的消退可鉴定琥珀酸脱氢酶的作用,且可通过其颜色消退的快慢来观察该酶活性的抑制程度。

本实验依据这一原理,观察草酸对琥珀酸脱氢酶活性的影响。

【实验器材和试剂】

1. 器材

研钵、吸量管、滴管、离心管、试管等。

2. 仪器

恒温水浴箱。

3. 材料

小白鼠。

4. 试剂

磷酸盐缓冲液(pH 7.4)、0.25%琥珀酸钠溶液、5%草酸钠溶液、0.01%亚甲蓝溶液、液体石蜡等。

【实验操作】

1. 取小白鼠一只,脱颈椎处死,立即剖腹将肝脏全部取出,用磷酸盐缓冲液洗涤一次,置于一研钵中,加入玻璃砂少许,充分研碎至糊状,加入 7ml 磷酸盐缓冲液(pH 7.4),搅匀后倒入一圆底离心管中,离心约 2min(3000r/min),将上清液倒入另一试管中备用。此即为含有琥珀酸脱氧酶的肝糜液。

2. 另取试管五支,编号 1～5 号,按表 2-14 所示操作。

3. 观察各管的颜色变化,并记录各管颜色消退的顺序和时间,并加以分析。

表 2-14　酶的竞争性抑制作用加样表

单位：ml

| 试　剂 | 试管编号 | | | | |
|---|---|---|---|---|---|
| | 1 | 2 | 3 | 4 | 5 |
| 0.25%琥珀酸钠溶液 | 0.5 | — | 0.5 | 2 | 0.5 |
| 5%草酸钠溶液 | — | 0.5 | 0.5 | 0.5 | 2 |
| 蒸馏水 | 2 | 2 | 1.5 | — | — |
| 肝糜液 | 1 | 1 | 1 | 1 | 1 |
| 亚甲蓝溶液 | 5 滴 | 5 滴 | 5 滴 | 5 滴 | 5 滴 |
| 充分摇匀 | | | | | |
| 液体石蜡 | 10 滴 | 10 滴 | 10 滴 | 10 滴 | 10 滴 |
| 静置于 37℃ | | | | | |
| 实验现象 | | | | | |

**【思考题】**

改变底物浓度和抑制剂浓度的相对比值，对酶的活性会有什么影响？

# 实验 23　血清丙氨酸氨基转移酶活性的测定

**【实验目的】**

1. 掌握血清丙氨酸氨基转移酶活性测定的方法。
2. 熟悉绘制标准曲线的方法。
3. 了解测定血清丙氨酸氨基转移酶活性的临床意义。

**【实验原理】**

以丙氨酸和 α-酮戊二酸为底物，在血清丙氨酸氨基转移酶(S-ALT)催化下生成丙酮酸和谷氨酸。丙酮酸与 2,4-二硝基苯肼生成黄色的丙酮酸-2,4-二硝基苯腙，后者在碱性溶液中呈棕红色，其颜色的深浅与丙酮酸的量成正比。与同样处理的丙酮酸标准液进行比对，可以推算出血清丙氨酸氨基转移酶的活性。

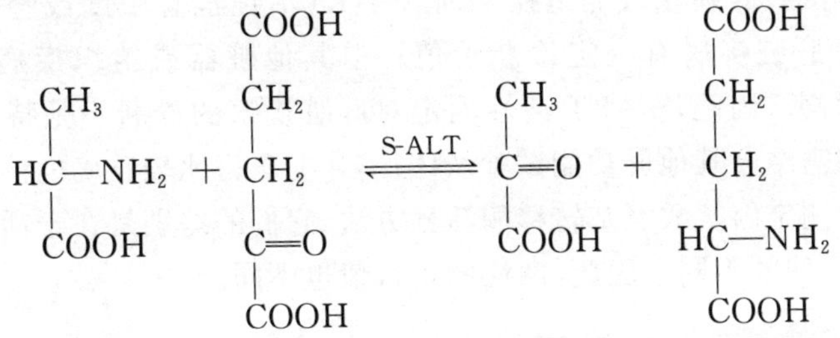

丙氨酸　　α-酮戊二酸　　丙酮酸　　谷氨酸

$$\underset{\text{丙酮酸}}{\underset{\displaystyle \text{COOH}}{\overset{\displaystyle \text{CH}_3}{\text{C=O}}}} + \text{H}_2\text{—N—} \underset{\text{2,4-二硝基苯肼}}{\bigcirc} \underset{\text{NO}_2}{\overset{\text{NO}_2}{}} \longrightarrow \underset{\text{丙酮酸-2,4-二硝基苯腙}}{\underset{\displaystyle \text{COOH}}{\overset{\displaystyle \text{CH}_3}{\text{C=N—N—}}}\bigcirc} \overset{\text{NO}_2}{\underset{\text{NO}_2}{}} + \text{H}_2\text{O}$$

在底物过量的条件下,生成产物越多,表明酶活性越大,酶浓度越高。通常以在一定时间内丙酮酸的生成量代表 S-ALT 活性的大小。

**酶的活性单位**

在酶的分离和纯化过程中,随时需要对酶进行定量分析,但生物组织或体液中酶的存在及含量不能直接用重量或体积来表示,而是用它催化某一特定反应的能力即酶活性来表示。酶活性大小可以用它所催化的某一化学反应的反应速度来衡量。测定一种酶的活性实际上就是测定它所催化的化学反应的最佳反应速度。

由于酶促反应速度受温度、pH、激动剂、抑制剂及底物浓度等多种因素的影响,还与酶促反应进行的时间有关,因此在测定酶活性时,必须控制这些因素,常常是在最适条件下测定单位时间内产物生成量或底物消耗量(即酶促反应速度)来表示酶的活性。一般使用前一种方法更为常见,因为当测定反应的初速度时,产物的量是从无到有,变化更为敏感。

酶活性大小可用"活性单位"来表示。1976 年国际生化学会酶学委员会规定:在最适条件下,在 1min 内能使 1μmol 底物转变成产物的酶量为 1 个国际单位(international unit,IU)。1979 年,该学会又推荐以催量(katal,kat)代替 IU 来表示酶的活性。1kat 是指在最适条件下,每秒钟能使 1mol 底物转化为产物的酶量。$1\text{IU} = 16.67 \times 10^{-9}\text{kat}$。但 kat 单位因实用性不强而未被广泛采纳,至今许多学者仍然按照各自的需要来定义一种酶的活性单位(U)。

临床上,常借助测定血清或其他标本中酶活性的变化作为疾病诊断的参考。其活性单位常常是由酶活性测定法的设计者依实验条件来定,同一份标本,用不同的方法测定,其活性单位数值是不同的,其正常值也不同,因此,临床上评价其诊断意义时,必须首先明确是用什么活性单位及该法正常值,然后才能对所得检验结果做出是否正常的结论。

丙氨酸氨基转移酶(ALT)是一种胞内酶,广泛分布于各种组织内,如肝、心肌、脑、肾等,其中以肝细胞内含量最高。在正常情况下,血清 ALT(S-ALT)活性较低,当肝细胞受损破裂时,则释放入血,S-ALT 活性升高。特别是急性肝炎及中毒肝坏死时,S-ALT 活性显著增高。其次,在肝癌、肝硬化及胆道疾病时,S-ALT 活性也有中度或轻度的增高。因此,S-ALT活性测定对肝脏疾病有一定诊断价值。但其他脏器或组织疾病,如心肌梗死时,S-ALT活性也会增高。因此,S-ALT 活性测定对肝脏疾病的诊断不是特异的。在临床上,对肝脏疾病患者尚需结合其他肝功能试验及体征,才能获得比较正确的诊断。

下面介绍两种测定丙氨酸氨基转移酶活性方法,它们的差别是在于活性单位的定义、标准曲线制作、保温时间的不同。因此,两法的正常值也不同。

# 一、金氏法(King's method)

金氏法丙氨酸氨基转移酶活性单位定义为:在 37℃ 下,100ml 血清与足量底物作用

60min,每生成 1mmol/L 的丙酮酸称为 1 个单位(U)。

**【实验器材和试剂】**

1. 器材

试管、移液器、吸量管、坐标纸等。

2. 仪器

恒温水浴箱、可见分光光度计。

3. 材料

动物或人血清。

4. 试剂

(1) 0.1mol/L 磷酸盐缓冲液(pH 7.4)：取以下 A 溶液 2 份与 B 溶液 8 份相混的 0.1mol/L 磷酸盐缓冲液(pH 7.4),用 pH 计校正。

A. 0.1mol/L 磷酸二氢钾溶液：称取 13.61g $KH_2PO_4$,蒸馏水溶解,移入容量瓶中,摇匀,定容至 1000ml。

B. 0.1mol/L 磷酸氢二钠溶液：称取 14.20g $Na_2HPO_4$ 或 17.80g $Na_2HPO_4 \cdot 2H_2O$ 或 35.82g $Na_2HPO_4 \cdot 12H_2O$,用蒸馏水溶解后移入容量瓶中,定容至 1000ml。

(2) 谷丙转氨酶底物溶液：精确称取 29.2mg α-酮戊二酸、1.78g D,L-丙氨酸,用磷酸盐缓冲液(pH 7.4)配制;用 1mol/L HCl 或 1mol/L NaOH 溶液调 pH 值为 7.4,加氯仿数滴防腐,置于冰箱内,备用。

(3) 2,4-二硝基苯肼溶液：称取 19.8mg 2,4-二硝基苯肼,溶于 25ml 4mol/L HCl 溶液中,溶解后,移入 100ml 容量瓶中,加蒸馏水至刻度,盛于棕色瓶内,置冰箱中可保存半月。

(4) 丙酮酸标准液(2.0μmol/ml)：精确称取 22.0mg 纯丙酮酸钠,溶于少许磷酸盐缓冲液(pH 7.4)中,移入 100ml 容量瓶内,用磷酸盐缓冲液加至刻度。此液 1ml 含丙酮酸 2.0μmol,用时现配。

(5) 其他：4mol/L HCl 溶液、1mol/L NaOH 溶液、0.4mol/L NaOH 溶液。

**【实验操作】**

1. S-ALT 活性测定

取干净试管 4 支,按表 2-15 所示操作。

表 2-15　金氏法 S-ALT 活性测定加样表

单位：ml

| 试　剂 | 试管编号 | | | |
|---|---|---|---|---|
| | 测定管 | 标准管 | 对照管 | 空白管 |
| 丙氨酸氨基转移酶底物溶液 | 0.50 | 0.50 | 0.50 | 0.50 |
| 37℃水浴预温 5～10min | | | | |
| 2.0μmol/ml 丙酮酸标准液 | — | 0.10 | — | — |
| 血清 | 0.10 | — | — | — |
| 混匀,37℃水浴保温 60min(准确) | | | | |

续　表

| 试　剂 | 试管编号 | | | |
|---|---|---|---|---|
| | 测定管 | 标准管 | 对照管 | 空白管 |
| 2,4-二硝基苯肼溶液 | 0.50 | 0.50 | 0.50 | 0.50 |
| 0.1mol/L 磷酸盐缓冲液 | — | — | — | 0.10 |
| 血清 | — | — | 0.10 | — |
| 混匀,37℃水浴保温 20min | | | | |
| 0.4mol/L NaOH 溶液 | 5.0 | 5.0 | 5.0 | 5.0 |
| 混匀,室温静置 10min | | | | |
| $A_{520}$ | | | | |

## 2. 计算

$$S\text{-ALT 活性单位} = \frac{\text{测定管吸光度} - \text{对照管吸光度}}{\text{标准管吸光度}} \times V_1 \times \frac{V_2}{V_3}$$

式中:$V_1$ 指实验中使用的丙酮酸量,单位是 ml;$V_2$ 指 100ml 血清;$V_3$ 指实际所用的血清量,单位是 ml。

**参考范围**

0～200U。

# 二、赖氏法(Reitman-Frankel's method)

赖氏单位是用卡门法测出的单位相当于本法所生成的丙酮酸量而求得。1 卡门单位的定义为:在温度 25℃、pH 7.4、体积 3ml、波长 340nm、光径 1cm 的条件下,1ml 血清 1min 内产生的丙酮酸使 NADH 的吸光度下降0.001为 1 个单位。

【实验器材和试剂】

同上。

【实验操作】

1. 标准曲线的绘制

取试管 12 支(做平行管),按表 2-16 所示操作。

表 2-16　丙酮酸标准曲线绘制加样表

单位:ml

| 试　剂 | 试管编号 | | | | | |
|---|---|---|---|---|---|---|
| | 空白管 | 1 | 2 | 3 | 4 | 5 |
| 0.1mol/L 磷酸盐缓冲液 | 0.10 | 0.10 | 0.10 | 0.10 | 0.10 | 0.10 |
| 2μmol/ml 丙酮酸标准液 | — | 0.05 | 0.10 | 0.15 | 0.20 | 0.25 |
| 丙氨酸氨基转移酶底物溶液 | 0.50 | 0.45 | 0.40 | 0.35 | 0.30 | 0.25 |

| 试 剂 | 试管编号 | | | | | |
|---|---|---|---|---|---|---|
| | 空白管 | 1 | 2 | 3 | 4 | 5 |
| 混匀,37℃水浴预温 5min | | | | | | |
| 2,4-二硝基苯肼溶液 | 0.50 | 0.50 | 0.50 | 0.50 | 0.50 | 0.50 |
| 混匀,37℃水浴保温 20min | | | | | | |
| 0.4mol/L NaOH 溶液 | 5.0 | 5.0 | 5.0 | 5.0 | 5.0 | 5.0 |
| 室温静置 10min | | | | | | |
| 丙酮酸实际含量(2$\mu$mol/ml) | 0 | 0.1 | 0.2 | 0.3 | 0.4 | 0.5 |
| 相当于 ALT 活性单位 | 0 | 28 | 57 | 97 | 150 | 200 |
| $A_{520}$ | | | | | | |

以吸光度与活性单位绘制标准曲线。

## 2. S-ALT 活性测定

取干净试管 3 支,按表 2-17 所示操作。

**表 2-17 赖氏法 S-ALT 活性测定加样表**

单位:ml

| 试 剂 | 试管编号 | | |
|---|---|---|---|
| | 测定管 | 标准管 | 空白管 |
| 丙氨酸氨基转移酶底物溶液 | 0.50 | 0.50 | 0.50 |
| 血清 | 0.10 | — | — |
| 2 $\mu$mol/ml 丙酮酸标准液 | — | 0.10 | — |
| 0.1mol/L 磷酸盐缓冲液 | — | — | 0.1 |
| 混匀,37℃水浴保温 30min | | | |
| 2,4-二硝基苯肼溶液 | 0.50 | 0.50 | 0.50 |
| 混匀,37℃水浴保温 20min | | | |
| 0.4mol/L NaOH 溶液 | 5.0 | 5.0 | 5.0 |
| 混匀,静置 10min | | | |
| $A_{520}$ | | | |

## 3. 计算

根据测得的吸光度,从标准曲线上查出酶活性单位,也可按以下公式计算。

$$S\text{-}ALT\,活性单位=\frac{测定管吸光度}{标准管吸光度}\times57$$

式中:57 指用 0.1ml 2$\mu$mol/ml 的丙酮酸标准溶液相当于 57 个酶活性单位。

**参考范围**

0～40U。

**【注意事项】**

1. 实验中所用的一切器皿应干净、干燥。

2. 空腹取血,迅速分离血清,及时测定。

3. 标准物质丙酮酸钠极易变质,配试剂时应选择外观洁白、干燥的,若颜色变黄色、潮解,应重结晶,干燥至恒重后再用。

4. 丙酮酸钠重结晶:取纯丙酮8份与蒸馏水2份混合,加入变质的丙酮酸钠使其达到饱和。此时溶液上层无色,下层有棕黄色油状物。取出上层无色液体置于烧杯中,加入两倍体积的丙酮混匀后,置冰箱中数小时,则有白色丙酮酸钠析出,用布氏漏斗收集沉淀,并用纯丙酮洗涤两次,抽干后,置干燥器内保存、备用。

5. 为确保操作结果可靠,测定酶活性应保持pH、反应时间恒定。选用固定的比色计、比色皿以减少误差。

6. 测定样品在显色后30mim内完成比色为宜。

**【思考题】**

1. 什么叫转氨基作用? 根据所学理论阐明转氨基作用在蛋白质的合成与分解及糖、脂肪代谢中有何重要作用。

2. S-ALT活性测定二次保温有什么意义?

3. 影响酶促反应的因素有哪些?

4. 本实验直接测定物质是什么?

# 实验24 血清乳酸脱氢酶活性的测定

## 一、比色法

**【实验目的】**

掌握血清乳酸脱氢酶活性测定(比色法)的原理、操作方法及标准曲线的绘制。

**【实验原理】**

乳酸脱氢酶(LDH)在 $NAD^+$ 存在的条件下,催化 L-乳酸脱氢生成丙酮酸。丙酮酸与2,4-二硝基苯肼作用生成丙酮酸-2,4-二硝基苯腙,苯腙在碱性溶液中显红棕色。其颜色的深浅与丙酮酸的浓度呈正比,由此可推算出酶的活性单位。

$$乳酸+NAD^+ \xrightarrow[pH\ 7.4\sim7.8]{pH\ 8.8\sim9.8} 丙酮酸+NADH+H^+$$

$$丙酮酸+2,4-二硝基苯肼 \xrightarrow{OH^-} 丙酮酸-2,4-二硝基苯腙$$

LDH存在于细胞内,当细胞破碎时可释放入血。血清LDH活性增高见于下列疾病:① 心肌疾病:心肌梗死时,虽然LDH活性增高的时间比CK要迟,但持续时间较CK长。心肌梗死病发后约9～20h,LDH开始升高,30～60h达高峰,持续7～10d后恢复正常。② 肝脏疾病:急性肝炎和慢性肝炎活动期,LDH常显著或中度增高,其灵敏度略低于

ALT;肝癌时,LDH 活性明显增高,尤其是转移性肝癌时 LDH 活性增高更为明显。③ 血液疾病:白血病、贫血、恶性淋巴瘤。④ 其他疾病:肌营养不良、横纹肌损伤、胰腺炎、肺梗死等。

**【实验器材和试剂】**

**1. 器材**

试管、移液器、吸量管、坐标纸。

**2. 仪器**

恒温水浴箱、可见分光光度计。

**3. 材料**

动物或人血清。

**4. 试剂**

(1) 底物缓冲液(pH 8.8):称取 2.1g 二乙醇胺、2.9g 乳酸锂,约加 80ml 蒸馏水,以 1mol/L HCl 溶液调节 pH 至 8.8,加水至 100ml。

(2) 11.3mmol/L $NAD^+$ 溶液:称取 15mg $NAD^+$(若含量为 70%,则称取 21.4mg),溶于 2ml 蒸馏水中,置 4 ℃保存至少可用 2 周。

(3) 0.5mmol/L 丙酮酸标准液:准确称取 11mg 丙酮酸钠,用底物缓冲液溶解后,转入 200ml 容量瓶中,加底物缓冲液至刻度,临用前配制。

(4) 1mmol/L 2,4-二硝基苯肼溶液:称取 198mg 2,4-二硝基苯肼,加 100ml 10mol/L HCl 溶液,溶解后加蒸馏水定容至 1000ml,置棕色瓶内于室温保存。

(5) 0.4mol/L NaOH 溶液:同 ALT 赖氏法。

**【实验操作】**

**1. LDH 标准曲线的绘制**

取 6 支洁净试管,编号为 0~6 号,按照表 2-18 所示操作。

表 2-18 LDH 标准曲线的绘制加样表

单位:ml

| 试 剂 | 试管编号 | | | | | |
|---|---|---|---|---|---|---|
| | 0 | 1 | 2 | 3 | 4 | 5 |
| 0.5mmol/L 丙酮酸标准液 | — | 0.025 | 0.05 | 0.10 | 0.15 | 0.20 |
| 底物缓冲液 | 0.5 | 0.475 | 0.45 | 0.40 | 0.35 | 0.30 |
| 蒸馏水 | 0.11 | 0.11 | 0.11 | 0.11 | 0.11 | 0.11 |
| 1mmol/L 2,4-二硝基苯肼溶液 | 0.50 | 0.50 | 0.50 | 0.50 | 0.50 | 0.50 |
| 混匀,37℃水浴 15min | | | | | | |
| 0.4mol/L NaOH 溶液 | 5.0 | 5.0 | 5.0 | 5.0 | 5.0 | 5.0 |
| 相当 LDH 活性金氏单位 | 0 | 125 | 250 | 500 | 750 | 1000 |
| 混匀,室温静置 5min | | | | | | |
| $A_{440}$ | | | | | | |

以吸光度为纵坐标、相应酶活性单位为横坐标绘制标准曲线。

2. 标本的测定

按照表 2-19 所示操作。

**表 2-19　LDH 测定(比色法)加样表**

单位:ml

| 试　剂 | 试管编号 | |
| --- | --- | --- |
| | 测定管 | 对照管 |
| 血清 | 0.01 | 0.01 |
| 底物缓冲液 | 0.5 | 0.5 |
| 混匀,37℃水浴 5min | | |
| 11.3mmol/L NAD$^+$ 溶液 | 0.1 | — |
| 混匀,37℃水浴 15min | | |
| 1mmol/L 2,4-二硝基苯肼溶液 | 0.5 | 0.5 |
| 11.3mmol/L NAD$^+$ 溶液 | — | 0.1 |
| 混匀,37℃水浴 15min | | |
| 0.4mol/L NaOH 溶液 | 5.0 | 5.0 |
| 混匀,室温静置 5min | | |
| $A_{440}$ | | |

3. 计算

以测得的吸光度减去对照管吸光度的差值为标本的吸光度,用该值在标准曲线上查得 LDH 活性单位。

乳酸脱氢酶金氏单位定义:以 100ml 血清在 37℃与底物作用 15min,产生 $1\mu$mol 丙酮酸为 1 个金氏单位。

**参考范围**

190～437U。

【注意事项】

1. 红细胞内 LDH 活性较血清约高 100 倍,故标本应严格避免溶血。$LDH_4$、$LDH_5$ 对冷不稳定,血清标本不宜储存于冰箱中。

2. 除二乙醇胺缓冲液外,还可以 Tris 或焦磷酸盐缓冲液。甘氨酸对 LDH 有抑制作用,故不能用甘氨酸缓冲液。

3. 测定结果超过 1000U 时,应将血液用生理盐水稀释后重新测定,结果乘以稀释倍数。

4. 比色应在 5～15min 内完成,否则吸光度值会降低。

5. LDH 活性测定目前多采用正向反应,即乳酸生成丙酮酸方向(L→P)。其优点是乳酸和 NAD$^+$ 稳定性好,且 NAD$^+$ 纯品易得,价格较低,过量乳酸对 LDH 活性的抑制作用较小。缺点是需要较高的底物浓度,反应速度较慢,且反应开始时的速率不成线性。

**【思考题】**

测定样品在显色后多长时间内完成比色为宜？

# 二、速率法

**【实验目的】**

熟悉血清乳酸脱氢酶活性测定（速率法）的原理、测定参数的设置及酶活性单位的计算。

**【实验原理】**

乳酸脱氢酶催化乳酸氧化生成丙酮酸,同时使 $NAD^+$ 还原为 NADH,引起 340nm 处吸光度的增加,吸光度的增加速率与样品中 LDH 活性成正比。

**【实验器材和试剂】**

1．器材

试管、移液器等。

2．仪器

生化分析仪、恒温水浴箱。

3．材料

动物或人血清。

4．试剂（有商品试剂盒供应）

(1) Tris -乳酸锂缓冲液：称取 6.34g Tris(三羟甲基氨基甲烷)、5.04g 乳酸锂,溶于约 800ml 蒸馏水中,置 37℃ 水浴,使温度达到平衡后,用 1mol/L HCl(约 45ml)调节 pH 至 8.9,再加入蒸馏水至 1000ml,置于冰箱中保存。

(2) 底物应用液：按 1ml Tris -乳酸锂缓冲液加 4.2mg $NAD^+$ 的浓度比例配置。

**【实验操作】**

严格遵守商品试剂盒提供的操作规程操作。例如：取血清 $50\mu l$,加 37℃ 预温的底物应用液 1.0ml,立即吸入生化分析仪,此时血清稀释倍数为 1050/50＝21。

上机操作参数：根据各实验室仪器的型号及操作说明书设置。

按以下公式计算：

$$\text{LDH 活性(U/L)} = \Delta A/t \times \frac{10^6}{6220} \times \frac{V_1}{V_2}$$

式中：$\Delta A$ 表示吸光度的变化;$t$ 表示吸光度变化的时间,单位为 min;6220 为 340nm 波长处 NADH 的摩尔吸光度;$V_1$ 指血清加底物应用液后的体积,单位是 ml;$V_2$ 指所用血清体积,单位是 ml。

**参考范围**

成人 109～245U/L。

**【注意事项】**

1．L→P 反应速率法是根据正向反应而建立的。其优点在于乳酸盐和底物溶液的稳定性较好,-20℃保存可稳定 6 个月以上,且两溶液的浓度对测定方法的影响最小。

2．本法在 LDH 活性为 726U/L 以内时线性良好。若超过此值,最好将标本稀释后再测。

3. LDH 活性为 65U/L 时,日间变异系数(CV)为 5.8%;LDH 活性为 146U/L 时,日间 CV 为 3.2%。

4. 由于血清中其他非 LDH 的 NAD$^+$类氧化还原酶的内源性底物很少,加上样本的高度稀释,因此,其他酶的干扰作用可忽略不计。

【思考题】

结合酶类为何要有辅因子存在才具有活性?

# 实验 25　血清淀粉酶活性的测定(碘淀粉比色法)

【实验目的】

掌握血清淀粉酶活性测定(碘淀粉比色法)的原理、操作方法及酶活性单位的计算。

【实验原理】

血清(或血浆)中 α-淀粉酶(AMY)催化淀粉分子中 α-1,4-糖苷键水解,产生葡萄糖、麦芽糖及含有 α-1,6-糖苷键支链的糊精。在底物过量的条件下,反应后加入碘液,与未水解的淀粉结合成蓝色复合物,将其蓝色的深浅与未经酶促反应的空白管比较,从而推算出淀粉酶的活性单位。

$$淀粉 + H_2O \xrightarrow{AMY} 糊精 + 麦芽糖 + 葡萄糖$$

$$剩余淀粉 + I_2 \rightarrow 蓝色复合物$$

淀粉酶主要是由胰腺和唾液腺分泌。患急性胰腺炎、流行性腮腺炎时,血和尿中的 AMY 显著升高。急性胰腺炎发病后 8~12h,血清 AMY 开始升高,可为参考值上限的 5~10 倍;12~24h 时达到高峰,可为参考值上限的 20 倍;2~5d 下降至正常。若发病后 8~12h,血清 AMY 活性超过 500U/100ml(或正常上限的 4 倍)即有诊断意义;若达到 350U/100ml 应怀疑患急性胰腺炎。尿 AMY 在急性胰腺炎发病后 12~24h 开始升高,达峰值时间较血清慢,当血清 AMY 恢复正常后,尿 AMY 可持续升高 5~7d,故在急性胰腺炎后期测尿 AMY 更有价值。

急性阑尾炎、肠梗阻、胰腺癌、胆石症、溃疡病穿孔以及吗啡注射后,AMY 也可升高,但常低于 500U/L。

AMY 升高程度与病情轻重不成正相关。病情轻者也可能很高;病情重者,如患爆发性胰腺炎因腺泡组织受到严重破坏,AMY 生成大为减少,因而测定结果可能不高。

【实验器材和试剂】

1. 器材

试管、移液器、吸量管等。

2. 仪器

恒温水浴箱、可见分光光度计。

3. 材料

人或动物新鲜血清。

4. 试剂

(1) 0.4g/L 缓冲淀粉溶液:在约 500ml 蒸馏水中,溶解 9g NaCl、22.6g Na$_2$HPO$_4$(或

56.94g $Na_2HPO_4 \cdot 12H_2O$)和 12.5g $KH_2PO_4$,加热至沸。另取一小烧杯,精确称取 0.4g 可溶性淀粉,加约 10ml 蒸馏水,使溶液成糊状后,加入上述沸腾之溶液中,用少量蒸馏水洗烧杯后一并倒入,冷至室温后,加入 5ml 37% 甲醛溶液,用蒸馏水定容至 1000ml。该溶液 pH 为 $7.0 \pm 0.1$,置冰箱中保存。

（2）0.1mol/L 碘贮存液：在约 400ml 蒸馏水中,溶解 1.78g $KIO_3$ 及 22.5g KI,缓慢加入 4.5ml 浓盐酸,边加边搅拌,用蒸馏水定容至 500ml,充分混匀,贮存于棕色瓶中,塞紧瓶塞,置冰箱中保存。

（3）0.01mol/L 碘应用液：取碘贮存液 1 份,加蒸馏水 9 份,混匀,贮存于棕色瓶中,置冰箱中保存可稳定 1 个月。

【实验操作】

1. 标本的测定

用生理盐水将血清做 10 倍稀释后,按表 2-20 所示操作。

表 2-20　淀粉酶测定(碘淀粉比色法)加样表

单位：ml

| 试　剂 | 试管编号 | |
| --- | --- | --- |
| | 测定管 | 空白管 |
| 稀释血清 | 0.2 | — |
| 缓冲淀粉溶液(37℃预温 5min) | 1.0 | 1.0 |
| 混匀,置 37℃水浴保温 7.5min(需严格控制时间) | | |
| 0.01mol/L 碘应用液 | 1.0 | 1.0 |
| 蒸馏水 | 6.0 | 6.2 |
| 混匀 | | |
| $A_{660}$ | | |

淀粉酶活性单位定义：100ml 血清中的淀粉酶在 37℃,15min 水解 5mg 淀粉为 1 个活性单位。

2. 计算

$$\text{血清淀粉酶活性单位(U/100ml)} = \frac{\text{空白管吸光度－测定管吸光度}}{\text{空白管吸光度}} \times$$

$$\frac{\text{淀粉浓度(mg/ml)}}{\text{1 个单位定义消耗淀粉数(mg)}} \times \frac{\text{1 个单位定义反应时间(min)}}{\text{实际反应时间(min)}} \times \frac{\text{1 个单位定义血清用量(ml)}}{\text{实际血清用量(ml)}}$$

参考范围

血清：80~180U/100ml；尿液：100~1200U/100ml。

【注意事项】

1. 草酸盐、柠檬酸盐、EDTA-Na 及氟化钠对 AMY 活性有抑制作用,肝素无抑制作用。

2. 唾液含高浓度淀粉酶,须防止带入。

3. 不同淀粉产品,其空白吸光度有很大差异,一般空白吸光度应在 0.4 以上。

4. 缓冲淀粉溶液若出现浑浊或絮状物,表示缓冲淀粉溶液受污染或变质,不能再用。

5. 本法亦适用于其他体液淀粉酶的测定。尿液应先做 20 倍稀释后测定。

6. 本法线性范围:淀粉酶活性为 $0 \sim 4000U/L$,批内 CV $3.1\% \sim 9.0\%$,批间 CV $12.4\% \sim 15.1\%$。本法不是淀粉酶的理想测定方法,但该法简单、易行,不需特殊设备,试剂廉价,故目前临床上仍广泛应用。

## 【思考题】

碘淀粉比色法测定淀粉酶活性有哪些优点? 不足是什么?

# 实验 26　血清碱性磷酸酶活性的测定（氨基安替比林比色法）

## 【实验目的】

掌握血清碱性磷酸酶活性测定(氨基安替比林比色法)的原理、操作及标准曲线的绘制。

## 【实验原理】

碱性磷酸酶(ALP)在碱性条件催化磷酸苯二钠水解,释放出酚和磷酸,酚在碱性溶液中与 4 -氨基安替比林作用,经铁氰化钾氧化形成红色的醌类化合物。根据红色的深浅与标准酚比较,确定 ALP 的活性。

$$磷酸苯二钠 + H_2O \xrightarrow[pH\ 10]{ALP} 酚 + 磷酸氢二钠$$

$$酚 + 4 -氨基安替比林 \xrightarrow[OH^-]{K_3Fe(CN)_6} 红色醌类化合物$$

ALP 常为肝胆疾病和骨骼疾病的辅助诊断指示。可用耐热试验区分 ALP 的来源,将血清于 56℃水浴加热 10min 后测定其 ALP 活性,并计算占加热前活性的百分率。肝病患者 ALP 活性保存为 $(43 \pm 9)\%$,而骨骼疾病患者 ALP 活力仅保存 $(17 \pm 9)\%$,据此可对二者进行鉴别。

血清 ALP 活性病理性增高见于:肝胆疾病,如阻塞性黄疸、急性或慢性黄疸型肝炎、肝癌等;骨骼疾病,如纤维性骨炎、成骨不全症、佝偻病、骨软化病、骨转移癌和骨折修复愈合期。

血清 ALP 活性生理性增高见于:妊娠期与儿童生长发育期。

## 【实验器材和试剂】

1. 器材

试管、吸量管等。

2. 仪器

恒温水浴箱、可见分光光度计。

3. 材料

人或动物新鲜血清。

4. 试剂

(1) 0.1mol/L 碳酸盐缓冲液(pH 10.0):称取 6.36g 无水碳酸钠、3.36g 碳酸氢钠、1.5g 4 -氨基安替比林,溶于 800ml 蒸馏水中,转入 1000ml 容量瓶中,加蒸馏水稀释至刻度,置棕色瓶中贮存。

（2）0.02mol/L 磷酸苯二钠溶液:将 400ml 蒸馏水煮沸,加入 2.18g 磷酸苯二钠(磷酸苯二钠若含 2 分子结晶水,则称取 2.54g)使其溶解,冷却后转入 500ml 容量瓶中,加煮沸后冷却的蒸馏水至刻度,再加氯仿 2ml,置冰箱中保存。

（3）铁氰化钾溶液:称取 2.5g 铁氰化钾、17g 硼酸,各自溶于 400ml 蒸馏水中,二液混合后,加蒸馏水至 1000ml,置棕色瓶中避光保存(出现蓝绿色时应弃去)。

（4）1mg/ml 酚标准贮存液:精确称取 0.1g 重蒸馏酚,溶解于 0.1mol/L 盐酸中,并定容至 100ml,置棕色瓶中,冰箱保存。纯酚具有吸水性,称量时动作要快,室内要干燥。

（5）0.05mg/ml 酚标准应用液:取 5ml 酚标准贮存液,加蒸馏水稀释至 100ml,此液只能保存 2~3d。

**【实验操作】**

1. ALP 标准曲线的绘制

按照表 2-21 所示操作。

表 2-21　ALP 标准曲线的绘制加样表

单位:ml

| 试　剂 | 试管编号 | | | | | |
|---|---|---|---|---|---|---|
| | 0 | 1 | 2 | 3 | 4 | 5 |
| 酚标准应用液 | — | 0.2 | 0.4 | 0.6 | 0.8 | 1.0 |
| 蒸馏水 | 1.1 | 0.9 | 0.7 | 0.5 | 0.3 | 0.1 |
| 碳酸盐缓冲液 | 1.0 | 1.0 | 1.0 | 1.0 | 1.0 | 1.0 |
| 铁氰化钾溶液 | 3.0 | 3.0 | 3.0 | 3.0 | 3.0 | 3.0 |
| 相当于金氏单位 | 0 | 10 | 20 | 30 | 40 | 50 |
| 立即混匀 | | | | | | |
| $A_{510}$ | | | | | | |

以吸光度为纵坐标、相当于金氏单位为横坐标绘制标准曲线。

2. 标本的测定

按照表 2-22 所示操作。

表 2-22　ALP 测定(氨基安替比林比色法)加样表

单位:ml

| 试　剂 | 试管编号 | |
|---|---|---|
| | 测定管 | 对照管 |
| 血清 | 0.1 | — |
| 碳酸盐缓冲液 | 1.0 | 1.0 |
| 37℃水浴 5min | | |
| 底物溶液(预温至 37℃) | 1.0 | 1.0 |

续 表

| 试 剂 | 试管编号 | |
|---|---|---|
| | 测定管 | 对照管 |
| 混匀,37℃水浴 15min | | |
| 铁氰化钾溶液 | 3.0 | 3.0 |
| 血清 | — | 0.1 |
| 充分混匀 | | |
| $A_{510}$ | | |

测定管吸光度减去对照管吸光度,查标准曲线,求出酶活性单位。

金氏单位定义:100ml 血清在 37℃与底物作用 15min,产生 1mg 酚为 1 个金氏单位。

**参考范围**

成人 3~13U;儿童 5~28U。

【注意事项】

1. 一般血清中很少含酚类化合物,所以可用试剂空白管代替血清对照管,当血清严重溶血或黄疸时,则应做血清对照管。

2. 保存磷酸苯二钠底物溶液应避免分解,如试剂空白管显红色,说明磷酸苯二钠已经分解,此底物溶液不能再用。

3. 铁氰化钾溶液中加入硼酸有稳定显色作用,此溶液避光保存,如出现蓝绿色应弃去。

4. 加入铁氰化钾溶液后应立即充分混匀,否则显色不完全。

5. 氨基安替比林比色法的优点是水解速度快,保温时间较短,灵敏度较高,显色稳定,不需去蛋白,操作简单。但与磷酸对硝基酚速率法相比,准确度和精密度都较低,且受胆红素和溶血的干扰。

【思考题】

肝胆疾病患者和骨骼疾病患者血清中碱性磷酸酶的一级结构是否相同?

# 实验 27  血清肌酸激酶活性的测定
# (肌酸显色法)

【实验目的】

掌握血清肌酸激酶活性的测定(肌酸显色法)的原理、操作方法、酶活性单位的计算及惯用单位与国际单位的换算。

【实验原理】

肌酸激酶(CK)能可逆地催化磷酸肌酸和 ADP 生成肌酸和 ATP,肌酸与双乙酰及 α-萘酚结合生成红色化合物。在一定的范围内,红色的深浅与肌酸量成正比,进而可求得血清中 CK 活性。在反应体系中加入 $Mg^{2+}$ 作激活剂;半胱氨酸供给硫基,保持 CK 活性中心必需基团不被氧化;氢氧化钡和硫酸锌沉淀蛋白并终止反应。

$$磷酸肌酸＋ADP \xrightarrow{CK} 肌酸＋ATP$$

$$肌酸＋双乙酰＋\alpha-萘酚 \xrightarrow{Mg^{2+}} 红色化合物$$

CK 主要存在于骨骼肌和心肌细胞中,正常人血浆中 CK 活性很低,血清中 CK 活性增高主要见于:

① 心肌梗死。心肌梗死发病早期,即发病后 2～4h,血清 CK 活性开始升高,12～18h 达最高峰值,可达正常上限的 10～12 倍,在 2～4d 降至正常水平。CK 对诊断心肌梗死较其他的心肌酶谱 AST、LDH 的阳性率高,且特异性强,是用于心肌梗死早期诊断、估计病情和判断预后的较好指标。病毒性心肌炎时,CK 也有明显升高。

② 其他疾病,如肌营养不良症、皮肌炎、骨骼肌损伤、脑血管意外、脑膜炎、甲状腺功能低下。

**【实验器材和试剂】**

**1. 器材**

试管、移液器、吸量管等。

**2. 仪器**

恒温水浴箱、可见分光光度计、离心机。

**3. 材料**

人或动物新鲜血清。

**4. 试剂**

(1) 混合底物溶液:临用前将试剂 A、B、C 等量混合成底物溶液,然后每 9ml 中加入 31.5mg 盐酸半胱氨酸,调 pH 至 7.4,置－20℃冰箱中保存可用一周。若空白管吸光度太高,表明有游离肌酸产生,不能再用。

A. Tris-HCl 缓冲液(pH 7.4):称取 2.42g Tris,溶于 100ml 蒸馏水中,加入 88.8ml 0.2mol/L 盐酸、0.34g 无水硫酸镁,调 pH 至 7.4,室温中可保存数月。

B. 0.012mol/L 磷酸肌酸溶液:称取 43.6mg 磷酸肌酸钠盐,加蒸馏水溶解,定容至 10ml,保存于－20℃冰箱中,可用 1 个月左右。

C. 0.004mol/L ADP 溶液:称取 23.3mg ADP 钠盐,加蒸馏水溶解,定容至 10ml,保存于－20℃冰箱中,可用 1 个月左右。

(2) 50g/L 硫酸锌溶液:准确称取 5g $ZnSO_4 \cdot 7H_2O$,加蒸馏水溶解,定容至 100ml。

(3) 60g/L 氢氧化钡溶液:称取 6g $Ba(OH)_2 \cdot 8H_2O$,溶于 90ml 蒸馏水中,煮沸数分钟,冷却后加蒸馏水定容至 100ml,过滤。取 5ml 50g/L 硫酸锌溶液,加少量蒸馏水和 2 滴酚酞指示剂,用氢氧化钡溶液滴定至粉红色。根据滴定结果,用蒸馏水稀释氢氧化钡溶液,使其恰好与等体积的硫酸锌溶液中和。

(4) 贮存碱溶液:称取 30g 氢氧化钠、64g 无水碳酸钠、加蒸馏水溶解,并稀释至 500ml,置塑料瓶中保存。

(5) $\alpha$-萘酚溶液:称取 400mg $\alpha$-萘酚,加 10ml 贮存碱溶液,需新鲜配制,否则空白管吸光度增高。

(6) 双乙酰溶液:先配成 10g/L 双乙酰水溶液,置冰箱中保存,可用数月。临用前用蒸馏水做 20 倍稀释。

(7) 1.7mmol/L 肌酸标准液:准确称取 22.3mg 无水肌酸,加蒸馏水定容至 100ml,置冰箱中保存,可用数月。

【实验操作】

1. 标本的测定

按表 2-23 所示操作。

表 2-23 CK 测定(肌酸显色法)加样表

单位:ml

| 试 剂 | 试管编号 | | | |
|---|---|---|---|---|
| | 测定管 | 标准管 | 对照管 | 空白管 |
| 血清 | 0.1 | — | 0.1 | — |
| 肌酸标准液 | — | 0.1 | — | — |
| 蒸馏水 | — | — | 0.75 | 0.1 |
| 底物溶液(37℃预温) | 0.75 | 0.75 | — | 0.75 |
| 混匀,37℃水浴 30min | | | | |
| 氢氧化钡溶液 | 0.5 | 0.5 | 0.5 | 0.5 |
| 硫酸锌溶液 | 0.5 | 0.5 | 0.5 | 0.5 |
| 蒸馏水 | 0.5 | 0.5 | 0.5 | 0.5 |
| 充分振摇,混匀后离心(2000r/min)10min,另取试管 4 支继续操作 | | | | |
| 取上述各管上清液 | 0.5 | 0.5 | 0.5 | 0.5 |
| α-萘酚溶液 | 1.0 | 1.0 | 1.0 | 1.0 |
| 双乙酰溶液 | 0.5 | 0.5 | 0.5 | 0.5 |
| 混匀,37℃水浴 15~20min | | | | |
| 蒸馏水 | 2.5 | 2.5 | 2.5 | 2.5 |
| 混匀 | | | | |
| $A_{540}$ | | | | |

CK 活性单位定义:1 ml 血清在 37 ℃与底物作用 1h 产生 1μmol 肌酸为 1 个 CK 活性单位。

2. 计算

$$血清 CK 活性单位(U/ml) = \frac{测定管吸光度 - 对照管吸光度}{标准管吸光度} \times 标准管浓度(\mu mol/L)$$

$$\times \frac{1}{反应时间(h)} \times \frac{1}{血清用量(ml)}$$

参考范围

惯用单位:0.5~3.6U/ml;国际单位:8~60IU/L

【注意事项】

1. α-萘酚及双乙酰产生红色化合物的反应并非肌酸所特有,精氨酸、胍乙酸以及肌酐均可与 α-萘酚起反应,但通常此类物质含量很低。血清空白管吸光度与试剂空白管吸光度相差小,而且不同血清标本的空白(即对照管)吸光度相差也小,故一般不需做血清空白对照,计算时将公式中的"对照管吸光度"项删除。

2. 本法对血清 CK 活性在 200U/L 以下时线性良好,精密度较好,但活性超过 200U/L 时,需用已知 CK 活性正常的血清稀释后重做,再将结果乘以稀释倍数。样品溶血不影响 CK 活性的测定。

3. 本实验中许多试剂都易失效,应在每次实验前临时配制。所用 α-萘酚应为白色或略带黄色之结晶,如颜色过深,应在乙醇中重结晶后再用。磷酸肌酸试剂纯度要高,游离肌酸含量要低,空白管吸光度不应超过 0.1。

4. 肌酸呈色不稳定,振摇充分与否直接影响呈色的深浅及过程。

【思考题】

肌酸激酶的惯用单位等于多少国际单位? 怎么计算?

# 实验 28　血清乳酸脱氢酶同工酶活性的测定 （琼脂糖电泳法）

【实验目的】

熟悉血清乳酸脱氢酶同工酶活性测定(琼脂糖电泳法)的原理、方法及各 LDH 同工酶百分率的计算。

【实验原理】

LDH 的五种同工酶(LHD$_1$、LHD$_2$、LHD$_3$、LHD$_4$、LHD$_5$)在体内分布有组织特异性。如 LHD$_1$ 主要存在于心肌和红细胞中,LHD$_3$ 主要存在于肺和脾中;LHD$_5$ 主要存在于肝脏和骨骼肌中。正常血清中它们的含量为 LHD$_2$>LHD$_1$>LHD$_3$>LHD$_4$>LHD$_5$。心脏和肝脏等多种器官疾病能引起血清 LDH 总活性升高,但血清 LDH 同工酶活性升高的种类与病变器官有关。如急性心肌梗死(AMI)时,LHD$_1$ 明显增高,而肝脏疾病时 LDH$_5$ 明显增高,因此,通过电泳法分析血清 LDH 同工酶各区带的含量,可以比较准确地判断血清 LDH 的组织来源,对心肌梗死、肝炎等疾病的早期诊断具有重要意义。

根据 LDH 各同工酶一级结构和等电点的不同,在一定的电泳条件下,使其在支持介质上分离。然后利用酶的催化反应进行显色:以乳酸作为底物,NAD$^+$ 为受氢体,LDH 催化乳酸脱氢生成丙酮酸,同时使 NAD$^+$ 还原为 NADH。吩嗪二甲酯硫酸盐(PMS)将 NADH 的氢传递给氯化碘代硝基四唑蓝(INT),使其还原为紫红色的甲䐶化合物。因此,有 LDH 活性的区带就会显紫红色,且颜色的深浅与酶活性呈正比,利用光密度扫描仪可求出各同工酶的相对含量。

$$L-乳酸+NAD^+ \xrightarrow[pH\,8.9\sim9.8]{LDH} 丙酮酸+NADH+H^+$$

$$NADPH+H^++INT \xrightarrow{PMS} NADP^++甲䐶$$

当组织损伤或坏死时,其中所含的同工酶释放到血液中,引起血清同工酶活性改变。LDH 同工酶测定在临床上常用于 AMI 的诊断,在 AMI 时,LHD$_1$、LHD$_2$ 活性均升高,但 LHD$_1$ 升高更早、更明显,导致 LHD$_1$/LHD$_2$ 比值增大;但溶血性疾病、幼红血细胞贫血症、肾坏死及假性肥大性肌营养不良患者的血清$LHD_1$及$LHD_2$活性也可增高。肝炎、急性肝细胞损伤及骨骼损伤患者的$LHD_5$增高。急性肺损伤、白血病、结缔组织病、心包炎和病毒感染患者的$LHD_2$和$LHD_3$有所增高。

**【实验器材和试剂】**

1. 器材

试管、移液器、吸量管、7.5cm×2.5cm 玻片、尺子、镊子、铝盒、滴管等。

2. 仪器

水平电泳槽及电泳仪、光密度扫描仪、恒温水浴箱。

3. 材料

人或动物新鲜血清。

4. 试剂

(1) 巴比妥-巴比妥钠缓冲液(pH 8.6,离子强度 0.075mol/L):称取 15.46g 巴比妥钠、2.77g 巴比妥,溶解于蒸馏水中,加热助溶,冷却至室温后定容至1L(用于电泳)。

(2) 0.082mol/L 巴比妥钠-盐酸缓冲液(pH 8.2):称取 17.0g 巴比妥钠,溶解于蒸馏水中,加 24.6ml 1mol/L 盐酸,用蒸馏水定容至 1L(用于凝胶配制)。

(3) 10mmol/L 乙二胺四乙酸二钠:称取 372mg EDTA-$Na_2$,溶解于蒸馏水中,用蒸馏水定容至 100ml。

(4) 5g/L 琼脂糖凝胶:称取 0.5g 琼脂糖,加入 50ml 巴比妥钠-盐酸缓冲液中,再加入 1.2ml EDTA-$Na_2$ 溶液及48.8ml 蒸馏水,隔水煮沸溶解,不时摇匀,趁热分装到大试管中,冷却后用封口膜密封管口,置冰箱中备用。

(5) 8g/L 琼脂糖凝胶:称取 0.8g 琼脂糖,加入 50ml 巴比妥钠-盐酸缓冲液中,再加入 2ml EDTA-$Na_2$ 溶液及 48ml 蒸馏水,配制方法同试剂 4。

(6) 底物显色液:临用前取下述 A、B、C、D 试剂按下列比例混合而成,即 A 液 4.5ml,B 液 1.2ml,C 液 4.5ml,D 液 12.0ml 混匀,共 22.2ml。

A. D,L-乳酸溶液:取 2ml 85% 乳酸,用 1mol/L NaOH 溶液调 pH 至中性(约需 1mol/L NaOH 溶液23.6ml)。

B. 1g/L 吩嗪二甲酯硫酸盐(PMS)溶液:称取 50mg PMS,加 50ml 蒸馏水溶解。

C. 10g/L $NAD^+$溶液:称取 100mg $NAD^+$,溶解于 10ml 新鲜蒸馏水中。

D. 1g/L 氯化碘代硝基四唑蓝(INT)溶液:称取 30mg INT,溶解于 30ml 蒸馏水中。

上述显色试剂均需要贮存于棕色瓶中,置 4℃保存。除 10g/L $NAD^+$溶液外,其余试剂均可保存 3 个月以上。

(7) 固定漂洗液:按无水乙醇:水:冰醋酸=14:5:1($V:V:V$)的比例混合,或按 95% 乙醇:冰醋酸=98:2($V:V$)的比例混合而成。

**【实验操作】**

1. 制备凝胶玻片

取 5g/L 琼脂糖凝胶 1 管,置沸水浴中加热融化。用移液管吸取 1.2ml 融化凝胶,均匀铺在干净的 7.5cm×2.5cm 玻片上,凝固后,在凝胶板阴极端 1.5cm 处挖槽(15mm×1.5mm),用滤纸吸干槽内水分。

**2．加样**

用移液枪加约 40μl 血清于槽内。

**3．电泳**

电压 75～100V,电流 8～10mA/玻片,电泳 30～40min,待血清清蛋白部分泳动 3～4cm 即可。

**4．显色**

在电泳结束前 5～10min,将底物显色液与沸水浴中融化的 8g/L 琼脂糖凝胶按 4：5 的比例混合,制成显色凝胶液,置 50℃ 热水中备用,注意避光。

终止电泳后,取下凝胶玻片,置于铝盒内,立即用滴管吸取显色凝胶液 1.2ml,迅速滴加在凝胶玻片上,使其自然展开覆盖全片,待显色凝胶凝固后,加盖避光,铝盒在 37℃ 水浴中浮于水面保温 1h。

**5．固定和漂洗**

取出显色的凝胶玻片,浸入固定漂洗液中 20～40min,直至背景无黄色为止。再用蒸馏水漂洗数次,每次 10～15min。

**6．目视观察**

按各区带呈色的深浅,比较 LDH 各同工酶区带呈色强度的关系。正常人 LDH 同工酶电泳图谱上呈色深浅关系为 $LHD_2 > LHD_1 > LHD_3 > LHD_4 > LHD_5$,$LHD_5$ 显色很浅。

**7．光密度扫描仪扫描**

用光密度扫描仪在 570nm 波长下扫描,求出,各同工酶区带吸光度所占百分比。如无光密度扫描仪而需要进行定量测定,则可将凝胶中同工酶的各区带切下,分别装入试管中,各加入 4ml 400g/L 尿素溶液,于沸水浴中加热 5～10min,取出冷却后以 570nm 波长比色。空白管取同样大小但无同工酶区带的凝胶,用与上述相同的方法处理。比色后根据各管吸光度计算各同工酶的百分率。

**8．计算**

$$吸光度总和\ A_T = A_1 + A_2 + A_3 + A_4 + A_5$$

$$各\ LDH\ 同工酶所占百分比 = \frac{A_x}{A_T} \times 100\%$$

式中：$A_x$ 代表各 LDH 同工酶的吸光度($A_1$、$A_2$、$A_3$、$A_4$、$A_5$)。

**参考范围**

各实验室对正常人 LDH 同工酶琼脂糖凝胶电泳结果的报道不一致,建议根据各实验室条件自行测定。但大多数数学者认为健康成年人血清中 LDH 同工酶百分比有下述规律：$LHD_2 > LHD_1 > LHD_3 > LHD_4 > LHD_5$。

**【注意事项】**

1．红细胞中 $LHD_1$ 和 $LHD_2$ 活性很高,因此,严禁标本溶血。

2．$LHD_4$ 及 $LHD_5$(尤其是 $LHD_5$)对热很敏感,因此,底物显色液的温度不能超过 50℃,否则易变性失活。

3．$LHD_4$ 和 $LHD_5$ 对冷不稳定,容易失活,应采用新鲜标本测定。如果需要,血清应放置于 25℃ 条件下保存,一般可保存 2～3d。

4. PMS 对光敏感,故底物显色液须避光,否则显色后凝胶背景颜色较深。

5. 可用 0.5～1.0mol/L 乳酸锂溶液(pH 7.0)代替乳酸钠溶液。乳酸锂化学性质稳定,易称重,还可避免乳酸钠长期放置后产生的酮类物质对酶促反应造成的抑制作用。

**【思考题】**

除了琼脂糖以外,还有其他材料可作为电泳的支持介质吗?如有,请举例。

# 实验 29　血清肌酸激酶同工酶活性的测定（琼脂糖电泳法）

**【实验目的】**

熟悉血清肌酸激酶同工酶活性测定(琼脂糖凝胶电泳法)的原理、测定方法及结果观察。

**【实验原理】**

血清肌酸激酶(CK)分子是由 M 和 B 两种亚单位组成的二聚体。它有三种同工酶,即 CK-BB、CK-MB 和 CK-MM。在电泳时,CK-BB 迁移率最快,CK-MB 次之,CK-MM 最慢。电泳后进行酶促反应显色以观察结果。显色原理是 CK 催化磷酸肌酸及 ADP 产生肌酸及 ATP,在偶联的己糖激酶(HK)、6-磷酸葡萄糖脱氢酶(G6DP)的催化下,使 $NADP^+$ 还原为 NADPH。在 365nm 处观察 NADPH 的荧光或用荧光光密度计扫描定量。也可用四氮唑盐显色法,即利用吩嗪二甲酯硫酸盐(PMS)将 NADPH 的氢传递给氯化碘代硝基四唑蓝(INT),使其还原成紫红色甲臜,显色 CK 同工酶区带,进行扫描检测。

$$磷酸肌酸 + ADP \xrightarrow{CK} 肌酸 + ATP$$

$$ATP + 葡萄糖 \xrightarrow{HK} G-6-P + ADP$$

$$G-6-P + NADP^+ \xrightarrow{G6DP} 6-磷酸葡萄糖酸 + NADPH + H^+$$

$$NADPH + H^+ + INT \xrightarrow{PMS} NADP^+ + 甲臜$$

CK 同工酶活性的检测比单测总酶活性的检测具有更高的灵敏度和特异性,目前公认 CK-MB 是诊断 AMI 最有价值的指标。CK-MB 的特异性超过 AST、LDH、CK 的总活性,甚至超过 $LHD_1$。AMI 发生后,血清中 CK-MB 上升,先于 CK 总活性的升高,24h 时达峰值,36h 内其波动曲线与总活性相平行,至 48h 时消失。一般认为,血清 CK-MB 活性≥CK 总活性的 6% 为阳性,最高值达 12%～38%。若下降后的 CK-MB 再度升高,提示有 AMI 复发。

心肌梗死以外的心脏疾患有时也可有血清 CK-MB 的轻度升高。如室上性心律不齐、心包炎、心肌炎、心绞痛和充血性心衰等,其 CK-MB 的升高机制可能和心肌细胞膜通透性增加有关。

**【实验器材和试剂】**

1. 器材

试管、移液器、吸量管、7.5cm×2.5cm 玻片、尺子、镊子、铝盒、滴管等。

2. 仪器

电泳仪、光密度扫描仪、恒温水浴箱、孵箱(或干燥箱、紫外灯、荧光光密度扫描仪)。

3. 材料

人或动物新鲜血清。

4. 试剂

(1) 50mmol/L Tris-巴比妥缓冲液(pH 8.0):称取 6.716g 巴比妥、1.905g Tris,用蒸馏水溶解并定容至 1L。

(2) 30mmol/L Tris-巴比妥缓冲液(pH 8.6):称取 1.21g 巴比妥、1.15g Tris,用蒸馏水溶解并定容至 500ml。

(3) 400mmol/L Bis-Tris 缓冲液(pH 7.0):称取 8.36g Bis(甲叉双丙烯烯酰胺)-Tris、0.149g EDTA-Na$_2$·2H$_2$O,加 95ml 蒸馏水溶解,用 1mol/L 醋酸调 pH 至 7.0,再加入 0.429g 醋酸镁(含 4 分子结晶水),溶解后,用蒸馏水定容至 100ml。4℃保存可用 2 个月,-20℃保存可用 6 个月。

(4) 5g/L 琼脂糖凝胶:称取 0.5g 琼脂糖、1.4g 聚乙烯吡咯烷酮(PVP),加 100ml 30mmol/L Tris-巴比妥缓冲液,置沸水浴中溶解,分装后 4℃保存。

(5) 辅酶溶液:称取 17.1mg ADP、36.5mg AMP、29.7mg NADP$^+$、72.1mg 葡萄糖,加 9ml 400mmol/L Bis-Tris 缓冲液溶解,平衡至 25℃后,用 1mol/L 醋酸(约用 1ml)调 pH 至 6.4,置 4℃保存可用半个月。

(6) 底物显色液甲(按两张载玻片计):临用前于甲管中加入 1.5ml 辅酶溶液、10.5 单位己糖激酶、6 单位 6-磷酸葡萄糖脱氢酶,混合后置 37℃水浴 5min。加入 PMS 0.02mg(或 2g/L PMS 溶液 0.01ml),加 PMS 后,立即与底物显色液乙混合并覆盖于电泳凝胶板上(PMS 须避光,在加 PMS 前 5min 内配好底物显色液乙)。

(7) 底物显色液乙:先配制下列试剂,临用前于乙管中加入 0.2ml A 液、0.2ml B 液,置 37℃水浴 2min 后,加入 20mg N-乙酰半胱氨酸(NAC)或 10mg 还原型谷胱甘肽。然后把 C 液置于沸水浴中煮沸融化,冷却至 37~43℃(在 37~43℃水浴中平衡),用预温至 37℃的滴管吸入 C 液 1.2ml 至乙管中,滴管吹吸混合,使 NAC 溶解。

A. 450mmol/L 磷酸肌酸溶液:置 4℃保存可用 3 个月。

B. 5g/L 氯化碘代硝基四唑蓝溶液:置棕色瓶中,4℃保存可用 3 个月。

C. 12.5g/L 琼脂糖溶液:称取 1.25g 琼脂糖,加 90ml 蒸馏水,置沸水浴中溶解后,再加入 262.5mg 氟化钠及 3.5g PVP,溶解后加蒸馏水至 100ml,置 4℃保存。

(8) 混合底物显色液:当底物显色液乙配成后,立即吸取底物显色液甲加到底物显色液乙中,混合后立即使用。在 37℃水浴中操作,防止琼脂糖凝固。必要时用 0.2ml 蒸馏水代替磷酸肌酸溶液制备对照显色液。如用荧光法,则用不含 PMS 及 INT 的底物显色液甲、底物显色液乙,用蒸馏水代替 INT 溶液。

(9) 固定液:无水乙醇:冰醋酸:蒸馏水=150:10:40($V:V:V$),临用前配制。

【实验操作】

1. 制备凝胶玻片

沸水浴中煮沸融化 5g/L 琼脂糖凝胶,取 1.5ml 铺于 7.5cm×2.5cm 玻片上。

**2. 打槽**

在近阴极端 1.5cm 处并行挖 2 个槽（6mm×1mm），做 2 份标本或做标本与生理盐水对照。

**3. 加样**

用移液器加血清 5µl 于槽内。

**4. 电泳**

加样的凝胶玻片两端用四层纱布搭盐桥，调电压 80V，电泳 50min。

**5. 显色**

合理安排配置混合底物显色液的时间，使配置完成时电泳结束。将电泳凝胶板置于涂以黑漆的铝盒中，吸取混合底物显色液 1.5ml 铺于凝胶板上，加盖待凝固后置 37℃ 水浴 1h。

**6. 固定与漂洗**

置固定液中 2~4h，转入蒸馏水中数小时。

**7. 观察**

取出载玻片后观察结果，或用光密度扫描仪在 500nm 波长下扫描定量（图 2-12）。需要时可平推至空白卡片上，37℃ 孵箱过夜，干片保存。

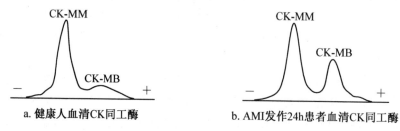

a. 健康人血清 CK 同工酶　　　　b. AMI 发作 24h 患者血清 CK 同工酶

图 2-12　CK 同工酶电泳分离示意图

或用无 PMS、INT 的底物显色液，37℃ 孵育 20min，再置 60℃ 干燥箱中 20min，紫外灯（365nm）下观察荧光。有条件者用荧光光密度扫描仪扫描定量，激发波长 360nm，发射波长 460nm。

**参考范围**

健康人血清中各肌酸激酶同工酶活性占肌酸激酶总活性的百分率为：
CK-BB：0；CK-MB：0~3％；CK-MM：97％~100％。

**【注意事项】**

1. 在各种组织中广泛存在的腺苷酸激酶（AK）催化 ADP 生成 ATP，干扰同工酶结果的判断。加入 AMP 可抑制反应，但过量的 AMP 也抑制 CK。NaF 可抑制 AK，不抑制 CK，NaF 与 AMP 合用可抑制各种 AK 同工酶活性的 97％。NaF 和 CK 激活剂 $Mg^{2+}$ 可逐步形成 $MgF_2$ 沉淀，所以，NaF 与 $Mg^{2+}$ 应分开配制，临用前混合，不影响各自的作用。

2. 电泳需要较高 pH，酶促反应需要较低 pH。本法用低离子强度，pH 低于 8.6 的电泳缓冲液；高离子强度，pH 低于 6.7 的底物缓冲液。当含琼脂糖的底物显色液覆盖于电泳后的凝胶板时，上下凝胶中的成分相互扩散混合后的 pH 恰为酶作用的最适 pH。

3. 血清 CK 活性随温度升高而增加，45℃ 时达到最大，更高温度时 CK 活性迅速下降，56℃ 时很快失活。琼脂糖电泳法测 CK 同工酶，绝不能像测 LDH 同工酶时一样用温度较高的琼脂糖底物显色液,否则 CK 活性丧失。Bis-Tris 是 CK 同工酶测定优选的缓冲液,浓度在 200mmol/L 时,CK 活性最大。如无 Bis-Tris,亦可用咪唑加 EDTA 作底物缓冲液。EDTA 作 $Ca^{2+}$ 络合剂,因 $Ca^{2+}$ 抑制 CK 活性。

4. CK 是巯基酶,需要巯基试剂的活化。但巯基试剂可还原四唑盐,$N$-乙酰半胱酸及谷胱甘肽还原四唑盐的能力弱,可使背景清晰。PVP 是惰性聚合体,作为酶扩散的障碍物加入,可改善区带分离效果。

5. CK 不稳定,对光、热及高 pH 敏感,最好将及时分离出的血清充 $CO_2$ 后塞紧管口,置冷冻室或 $-30℃$ 保存,至少可稳定半个月,及时测定更好,不主张加巯基活化剂保存。

6. CK 同工酶电泳测定法的精确度不及层析法和免疫化学法,分离时间也较长。

【思考题】

什么是巯基酶、巯基试剂?

# 第四章 脂类实验

脂类(lipid)泛指不溶于水,易溶于有机溶剂的各类生物分子,是机体内的一类有机大分子物质,包括范围很广,其化学结构有很大差异,生理功能也各不相同,主要有脂肪(甘油三酯)和类脂(磷脂、糖脂、固醇等)。最丰富的脂类是甘油三酯,它们是多数生物的主要燃料,是化学能的最重要贮存形式。磷脂等具有极性的脂类是细胞膜的主要成分,细胞膜的许多性质是其极性脂类成分的反映。糖脂、胆固醇及胆固醇酯等参与细胞识别及信息传递,是许多生理活性物质的前体。

脂类与人类健康关系密切,脂类及其代谢的研究将有助于人类攻克心血管疾病、高血脂、高血压、哮喘、胃肠溃疡、肿瘤等症。下面介绍一些脂类物质分子的测定、鉴定等实验。

## 实验 30 血清总胆固醇含量的测定

### 【实验目的】

1. 掌握测定血清总胆固醇含量的原理。
2. 掌握测定血清总胆固醇含量的实验操作方法。
3. 熟悉血清总胆固醇含量测定的临床意义。

### 【实验原理】

血清总胆固醇(total cholesterol,TC)包括游离胆固醇(free cholesterol,FC)和胆固醇酯(cholesterol ester,CE)两部分,其中游离胆固醇占 30%,胆固醇酯占 70%。血清总胆固醇含量的测定分为化学法和酶法两大类,目前常规应用酶法测定。其优点是快速准确,标本用量小,便于自动生化分析仪的批量测定。酶法测定胆固醇的基本原理是,胆固醇酯被胆固醇酯酶(cholesterol esterase,CHER)水解成游离胆固醇,后者被胆固醇氧化酶(cholesterol oxidase,COD)氧化成胆甾烯酮,并产生过氧化氢,再经过氧化物酶(peroxide,POD)催化,使 4-氨基安替比林(4-AAP)与酚反应,生成红色醌亚胺色素,即 Trinder 反应。因醌亚胺在 500nm 处有最大吸收,其吸光度与标本中 TC 含量成正比。反应式如下:

**水解** 胆固醇酯 $+H_2O \xrightarrow{\text{胆固醇酯酶}}$ 游离胆固醇+脂肪酸

**氧化** 胆固醇 $+O_2 \xrightarrow{\text{胆固醇酯酶}} \Delta 4$ -胆甾烯酮 $+H_2O_2$

**显色** $H_2O_2+4$ -氨基安替比林+酚 $\xrightarrow{\text{过氧化物酶}}$ 醌亚胺 $+H_2O$

TC 含量增高:常见于动脉粥样硬化、原发性高脂血症(如家族性高胆固醇血症、家族性 ApoB 缺陷症、多源性高胆固醇血征、混合性高脂蛋白血症等)、糖尿病、肾病综合征、梗阻性黄疸、胆总管阻塞等。胆固醇升高容易引起动脉粥样硬化性心脑血管疾病,如冠心病、心肌梗死、脑卒中等。但如果作为一个诊断指标来说,它既不够特异,也不够敏感,所以不能作为诊断指标,只能用于评价动脉粥样硬化的危险因素,因而最常用作动脉粥样硬化的预防、发病估计、治疗观察等的参考指标。

TC含量降低:常见于低脂蛋白血症、贫血、败血症、甲状腺功能亢进、肝脏疾病、严重感染、营养不良、巨细胞性贫血等及慢性消耗性疾病。此外,女性月经期也可缩短。

**【实验器材和试剂】**

**1. 器材**

试管、移液器、吸量管等。

**2. 仪器**

分光光度计、恒温水浴箱。

**3. 材料**

人或动物新鲜血清。

**4. 试剂**

(1)胆固醇液体酶试剂:由下列试剂组成。

| GOOD'S缓冲液(pH6.7) | 50mmol/L |
| 胆固醇酯酶溶液 | ≥200U/L |
| 胆固醇氧化酶溶液 | ≥100U/L |
| 过氧化物酶溶液 | ≥3000U/L |
| 4-AAP溶液 | 0.3mmol/L |
| 苯酚溶液 | 5mmol/L |

其中4-AAP和苯酚为显色剂。

(2)5.17mmol/L(200mg/dL)胆固醇标准液:精确称取胆固醇200mg,用异丙醇配成100ml溶液,分装后,4℃保存,临用前取出。也可用定值的参考血清作标准。

**【实验操作】**

**1. 终点法检测TC**

按表2-24所示依次加样。

表2-24 酶法测定血清总胆固醇加样表

单位:$\mu l$

| 试 剂 | 试管编号 | | |
| --- | --- | --- | --- |
| | 空白管 | 标准管 | 测定管 |
| 血清 | — | — | 10 |
| 标准或定值血清 | — | 10 | — |
| 蒸馏水 | 10 | — | — |
| 酶试剂 | 1000 | 1000 | 1000 |
| 混匀,37℃保温 5min | | | |
| $A_{500}$ | | | |

2. 计算

$$血清\ TC\ 含量(mmol/L) = \frac{测定管吸光度}{标准管吸光度} \times 胆固醇标准液浓度(mmol/L)$$

**兔血清 TC 含量参考范围**

0.77～2.00mmol/L。

**人血清 TC 含量参考范围**

3.00～5.20mmol/L;危险阈值:5.20～6.20mmol/L;高胆固醇血症:≥6.20mmol/L。

3. 结果分析

人群血脂水平主要取决于生活因素,特别是饮食和营养,所以各地区调查所得值高低不一,因此各地区应该有各自的 TC 划分标准。我国《血脂异常防治建议》(1997)提出的标准为:健康成人血清胆固醇含量参考范围为 2.33～5.69mmol/L(90～220mg/dL);理想范围＜5.1mmol/L(200mg/dL);边缘升高 5.2～6.2mmol/L,升高≥6.22mmol/L(240mg/dL)。

**【注意事项】**

1. 标本要求:采血前 24h 禁食高脂食物,空腹采血并尽快分离血清,以肝素或 EDTAK₂ 抗凝,避免溶血,标本 2～8℃可存放 7 天,-20℃可存放 2 个月。

2. 试管在操作前尽量保持干燥。比色应在 30min 内完成。

3. 若需检测游离胆固醇浓度,在酶试剂成分中去掉胆固醇酯酶即可。

4. 测定结果如超过 13.00mmol/L,应将标本用生理盐水进行稀释后重新测定。

$$标本结果 = 稀释后测得值 \times 稀释倍数$$

5. 胆固醇液体酶试剂应为无色或淡黄色液体,澄清,无沉淀或漂浮物。若该试剂呈红色,应弃去重配。

6. 本法最后一步为 Trinder 反应。它由 Trinder 于 1969 年提出,其原理为被测物质通过酶作用产生 $H_2O_2$,在 4 -氨基安替比林、过氧化物酶存在时生成红色醌亚胺化合物,在一定范围内其颜色的深浅与被测物质浓度成正比关系。Trinder 反应是非特异性的,易受标本中一些还原性物质的干扰,如尿酸、维生素 C、谷胱甘肽、胆红素等,这些物质与色素原竞争 $H_2O_2$,使测定结果偏低。

**【思考题】**

1. 影响血清胆固醇测定结果的因素有哪些?

2. 血清胆固醇水平与动脉粥样硬化发生、发展的关系如何?

# 实验 31　酮体的鉴定

**【实验目的】**

1. 学习酮体的鉴定方法。

2. 掌握肝脏与酮体生成的关系。

**【实验原理】**

在肝脏中,脂肪酸经 β-氧化作用生成乙酰辅酶 A。两分子乙酰辅酶 A 可缩合生成乙酰乙酸。乙酰乙酸可脱羧生成丙酮,也可还原生成 β-羟丁酸。乙酰乙酸、β-羟丁酸和丙酮总称为酮体。肝脏不能利用酮体,必须经血液运至肝外组织,再转变成乙酰辅酶 A 后才被氧化利用。

新鲜制备的肝匀浆与丁酸保温,肝匀浆中的酶可催化丁酸生成酮体。可生成酮体。酮体中的乙酰乙酸和丙酮在弱碱性条件下与亚硝基铁氰化钠作用,可产生紫红色物质。利用这一反应可鉴定酮体。

**【实验器材和试剂】**

1. 器材

研钵、手术剪、镊子、试管、滴管等。

2. 仪器

恒温水浴箱。

3. 材料

小鼠。

4. 试剂

(1) 罗氏溶液:0.9g NaCl,0.042g KCl,0.024g $CaCl_2$,0.02g $NaHCO_3$,0.1g 葡萄糖,用蒸馏水溶解后定容至 100ml。

(2) 0.5mol/L 丁酸溶液:取 44.0g 正丁酸溶于 0.1mol/L NaOH 溶液中,并用 0.1mol/L NaOH 溶液稀释至 1000ml。

(3) 0.1mol/L 磷酸盐缓冲液(PBS,pH 7.6):取 87ml 0.2mol/L $Na_2HPO_4$ 溶液、13ml 0.2mol/L $NaH_2PO_4$ 溶液,加蒸馏水至 200ml。

(4) 其他:0.9%氯化钠溶液、15%三氯乙酸溶液、酮体溶液(丙酮)、冰醋酸、10%亚硝基铁氰化钠溶液、浓氨水。

**【实验操作】**

1. 肝匀浆和肌肉匀浆的制备

取小鼠 1 只,处死,迅速取出肝脏和部分肌肉称重,分别置于研钵中,尽量剪碎并研磨成糜。按肝重:0.9%氯化钠溶液体积=1:3($m:V$)加入 0.9%氯化钠溶液,使其成匀浆。

2. 样品的测定

取 2 支试管,编号 1~2 号,按表 2-25 所示操作。

表 2-25　酮体制备加样表

单位:滴

| 试　剂 | 试管编号 | |
| --- | --- | --- |
| | 1 | 2 |
| 罗氏溶液 | 15 | 15 |
| 0.5mol/L 丁酸溶液 | 30 | 30 |
| 0.1mol/L PBS | 15 | 15 |
| 肝匀浆 | 20 | — |
| 肌肉匀浆 | — | 20 |

续　表

| 试　剂 | 试管编号 | |
| --- | --- | --- |
| | 1 | 2 |
| 混匀,置37℃恒温水浴中保温40~50min,然后再加15％三氯乙酸溶液 | | |
| 15％三氯乙酸溶液 | 20 | 20 |
| 分别摇匀,静置5min,过滤,留滤液备用 | | |

另取4支试管,编号1~4号,按表2-26所示操作。

表2-26　酮体鉴定加样表

单位：滴

| 试　剂 | 试管编号 | | | |
| --- | --- | --- | --- | --- |
| | 1 | 2 | 3 | 4 |
| 滤液1 | 20 | — | — | — |
| 滤液2 | — | 20 | — | — |
| 酮体溶液 | — | — | 20 | — |
| 0.5mol/L 丁酸溶液 | — | — | — | 20 |
| 冰醋酸 | 2 | 2 | 2 | 2 |
| 10％亚硝基铁氰化钠 | 2 | 2 | 2 | 2 |
| 浓氨水 | 3 | 3 | 3 | 3 |
| 实验现象 | | | | |

加入以上试剂后,观察到紫色环后摇匀,比较各管颜色深浅,并解释颜色深浅之原因。

【思考题】

1. 肌肉与肝脏为实验材料的实验结果有何不同?

2. 饱食的小鼠与饥饿的小鼠为实验材料的实验结果有何不同?

# 实验32　血清甘油三酯含量的测定(GPO-PAP法)

【实验目的】

掌握血清甘油三酯含量测定(GPO-PAP法)的原理及操作方法。

【实验原理】

用高效的微生物脂蛋白脂肪酶(LPL)使血清中甘油三酯(TG)水解成甘油与脂肪酸,将生成的甘油用甘油激酶(CK)及三磷酸腺苷(ATP)磷酸化,以磷酸甘油氧化酶(GPO)氧化 α-磷酸甘油(α-PG),然后以过氧化物酶(POD)、4-氨基安替比林(4-AAP)、4-氯酚(三者合称PAP)显色,测定所生成的 $H_2O_2$。本法简称为GPO-PAP法,反应如下：

$$甘油三酯 + 3H_2O \xrightarrow{LPL} 甘油 + 3RCOOH（脂肪酸）$$

$$甘油 + ATP \xrightarrow{CK} \alpha\text{-磷酸甘油} + ADP$$

$$\alpha\text{-磷酸甘油} + O_2 \xrightarrow{GPO} 磷酸二羟丙酮 + H_2O_2$$

$$H_2O_2 + 4\text{-}AAP + 4\text{-氯酚} \xrightarrow{POD} 红色醌 + 4H_2O$$

TG 含量增高：见于脂肪肝、其他肝病、糖尿病、肾病综合征、胰腺炎、糖原积累病等。

TG 含量降低：见于肝功能严重受损、肾上腺皮质功能降低等。

## 【实验器材和试剂】

1. 器材

试管、移液器、吸量管。

2. 仪器

生化分析仪、恒温水浴箱。

3. 材料

人或动物新鲜血清。

4. 试剂（有商品试剂盒供应）

（1）试剂 I：Pipes 缓冲液（pH 7.5）50mmol/L；4-氯酚 1mmol/L。

（2）试剂 II：脂蛋白脂肪酶≥1100U/L；甘油激酶≥300U/L；$\alpha$-磷酸甘油氧化酶≥3000U/L；过氧化物酶≥350U/L；4-氨基安替比林 0.7mmol/L；ATP 0.3mmol/L。

（3）工作液：临用前将试剂II溶于试剂I中配成工作液，该工作液可在 20～25℃稳定 5 天，2～8℃稳定 6 周。

## 【实验操作】

严格按试剂盒操作规程操作。例如：取血清 10μl，加工作液 1ml，37℃水浴 5min，吸入生化分析仪，此时血清稀释倍数为 101。

上机操作参数：根据各实验室仪器的型号及操作说明书设置。

按以下公式计算：

$$血清甘油三酯含量（mmol/L） = \frac{测定管吸光度}{标准管吸光度} \times 标准液浓度（mmol/L）$$

**参考范围**

0.56～1.71mmol/L（50～150mg/dL）；

临界值：1.71～2.25mmol/L（150～200mg/dL）；

高甘油三酯血症：＞2.26mmol/L（200mg/dL）。

## 【思考题】

糖尿病人为什么常伴有血清甘油三酯的升高？

# 实验 33　血清高密度脂蛋白胆固醇含量的测定（化学修饰酶法）

## 【实验目的】

熟悉高密度脂蛋白胆固醇含量测定（化学修饰酶法）的原理及操作方法。

## 【实验原理】

流行病学表明，血清高密度脂蛋白（HDL）的含量与冠心病的发病率呈负相关，测定高密度脂蛋白胆固醇（HDL-C）反映 HDL 的水平。HDL-C 低于 0.9mmol/L 是冠心病危险因素指标，HDL-C 增高（大于 1.55mmol/L）被认为是冠心病的"负"危险因素指标。

胆固醇酯酶（CHER）和胆固醇氧化酶（CHOD）经化学修饰后，对低密度脂蛋白（LDL）、极低密度脂蛋白（VLDL）、乳糜微粒（CM）的反应性降低，当两种化学修饰酶与葡萄糖硫酸钠、硫化环状糊精复合系并用时，选择性地作用于 HDL-C。本方法原理如以下方程式所示：

$$HDL-C + H_2O \xrightarrow{\text{CHER（化学修饰）}} \text{胆固醇} + \text{游离脂肪酸}$$

$$\text{胆固醇} + O_2 \xrightarrow{\text{CHOD（化学修饰）}} \text{胆甾烯酮} + H_2O_2$$

$$H_2O_2 + 4-AAP + HSDA \xrightarrow{\text{过氧化物酶}} \text{紫色醌类化合物}$$

HSDA：$N$-（2-羟基-3-丙磺酸钠）-3,5-二甲氧基苯胺

本方法测定的线性范围为 0～3.07mmol/L（120mg/dL），在全自动分析仪上的线性取决于所用试剂量与样品量的比例、测定时间和比色杯光径。

HDL-C 含量下降：多见于脑血管病、糖尿病、肝炎、肝硬化等患者；高甘油三酯血症往往伴有低 HDL-C；肥胖者的 HDL-C 多偏低；吸烟可使 HDL-C 下降。

HDL-C 含量升高：饮酒和长期体力活动会使 HDL-C 升高。

## 【实验器材和试剂】

### 1. 器材

试管、移液器等。

### 2. 仪器

可见分光光度计（或生化分析仪）、恒温水浴箱。

### 3. 材料

人或动物新鲜血清。

### 4. 试剂（有商品试剂盒供应）

（1）试剂Ⅰ：Good's 缓冲液 100mmol/L（pH 7.0）；HSDA 5mmol/L；$Mg^{2+}$ 1.5mmol/L；表面活性剂适量；防腐剂适量。

（2）试剂Ⅱ：Good's 缓冲液 100mmol/L（pH 7.0）；胆固醇酯酶 5kU/L；胆固醇氧化酶 5kU/L；过氧化物酶 3kU/L；4-氨基安替比林 0.25mmol/L；防腐剂适量。

注：Good's 缓冲液（Good's buffers）由 N. E. Good 等于 1960 年合成。其主要优点是不参加和不干扰生物化学反应过程，对酶化学反应等无抑制作用，所以专门用于细胞器和极易

变性的、对 pH 敏感的蛋白质和酶的研究工作。其缺点是：① 价格昂贵。② 对测定蛋白质含量的双缩脲法和 Lowry 法不适用,因为它们会使空白管的颜色加深。

【实验操作】

严格按试剂盒操作规程操作。例如：取血清 $4\mu l$,加试剂 I $300\mu l$,37℃水浴 5min,在 546nm 处读取吸光度 $A_1$;再加入试剂 II $100\mu l$,37℃保温 5min,在 546nm 处读取吸光度 $A_2$。

上机操作参数：根据各实验室仪器的型号及操作说明书设置。

实验结果按以下公式计算：

$$\Delta A = A_2 - A_1$$

$$血清\ HDL\text{-}C\ 含量(mmol/L) = \frac{\Delta A_u}{\Delta A_s} \times 标准液浓度(mmol/L)$$

式中：$\Delta A_u$ 为测定管吸光度变化值,$\Delta A_s$ 为标准管吸光度变化值。

参考范围

男性 $1.14\sim1.76$mmol/L;女性 $1.22\sim1.91$mmol/L。

【思考题】

高密度脂蛋白在体内有什么作用？

# 实验 34　血清低密度脂蛋白胆固醇含量的测定 （化学修饰酶法）

【实验目的】

熟悉血清低密度脂蛋白胆固醇含量测定(化学修饰酶法)的原理及操作方法。

【实验原理】

测定血清低密度脂蛋白胆固醇(LDL-C)可反映血清低密度脂蛋白(LDL)的水平。目前常用 LDL-C 代替总胆固醇(TC)作为冠心病危险因素指标。

胆固醇酯酶(CHER)和胆固醇氧化酶(CHOD)经化学修饰后,对 HDL、VLDL、CM 的反应性延迟,仅仅选择性地作用于 LDL-C。本方法的原理如以下方程式所示：

$$LDL\text{-}C + H_2O \xrightarrow{\text{CHER,表面活性剂}} 胆固醇 + 游离脂肪酸$$

$$胆固醇 + O_2 \xrightarrow{\text{CHOD}} 胆甾烯酮 + H_2O_2$$

$$H_2O_2 + 4\text{-}AAP + HSDA \xrightarrow{\text{过氧化物酶}} 紫色醌类化合物$$

LDL-C 含量的测定是临床诊断冠状动脉粥样硬化的一项指标。该指标增高提示心肌梗死的危险性增大。

本方法测定的线性范围为 $0\sim11.63$mmol/L,在全自动分析仪上的线性取决于所用试剂量与样品量的比例、测定时间和比色杯光径。

【实验器材和试剂】

1. 器材

试管、移液器。

2. 仪器

可见分光光度计(或生化分析仪)、恒温水浴箱。

3. 材料

人或动物新鲜血清。

4. 试剂(有商品试剂盒供应)

(1) 试剂Ⅰ：Good's 缓冲液 120mmol/L(pH 7.0)；HSDA 2.5mmol/L；表面活性剂适量；胆固醇酯酶>1.0kU/L。

(2) 试剂Ⅱ：Good's 缓冲液 120mmol/L(pH 7.0)；胆固醇氧化酶>0.8kU/L；过氧化物酶>10kU/L；4-氨基安替比林 0.42mmol/L。

【实验操作】

严格按试剂盒操作规程操作。例如：取血清 $4\mu l$，加试剂Ⅰ $300\mu l$，混匀，37℃水浴 5min，540nm 处产生空白吸光度 $A_1$；再加入试剂Ⅱ $100\mu l$，37℃保温 5min，在 540nm 处读取吸光度 $A_2$。

上机操作参数：根据各实验仪器的型号及操作说明书设置。

实验结果按以下公式计算：

$$\text{血清 LDL-C 含量}(mmol/L)=\frac{\text{测定管吸光度}-\text{空白管吸光度}}{\text{标准管吸光度}-\text{空白管吸光度}}\times\text{标准液浓度}(mmol/L)$$

**参考范围**

2.06~3.10mmol/L(80~120mg/dL)（建议各实验室建立自己的参考范围）。

【思考题】

脂肪肝病人血脂可出现哪些变化？

# 实验 35　薄层层析

【实验目的】

1. 掌握脂类薄层层析的原理。

2. 熟悉脂类薄层层析的实验操作方法。

【实验原理】

薄层层析是将作为固定相的支持物均匀地铺在玻璃板上成为薄层，然后将要分析的样品点加在薄层上，用合适的溶剂展开以达到分离的目的。脂类硅胶薄层层析的基本原理就是用硅胶作为固定相(吸附剂)，利用硅胶对不同的脂类物质有不同的吸附能力，使其在流动相(展开剂)的展层过程中在两相之间反复进行吸附—解吸—再吸附—再解析……从而使各种脂类物质随展开剂的移行而分离。结果，与固定相吸附能力弱和/或在流动相中溶解度大的脂类物质随展开剂移行到较远的距离，而与固定相吸附能力强和/或在流动相中溶解度小的脂类物质在展开过程中移行慢，落在后面，从而达到分离各种脂类物质的目的。

【实验器材和试剂】

1. 器材

8cm×12cm 玻片、研钵、烘箱、层析缸、喷雾器等。

## 2. 材料

待测样品液：猪油、菜油、卵黄的乙醚/氯仿($V：V=1：1$)提取液。

## 3. 试剂

(1) 标准品溶液：胆固醇标准液、三油酸甘油酯标准液、卵磷脂标准液、油酸标准液，均为 1g/L 氯仿溶液。

(2) 展开剂：按石油醚(沸程 60～90℃)：丁醇：乙酸＝95：4：1($V：V：V$)混合。

(3) 显色剂：磷钼酸 5g 溶于 70ml 水与 25ml 95％乙醇中，再加 70％过氯酸溶液 5ml，混匀，室温保存。

(4) 其他：硅胶 G、0.3％ 羧甲基纤维素。

## 【实验操作】

1. 称取硅胶 G 1.5g 置研钵中，加入 0.3％羧甲基纤维素 6ml，研匀后迅速倒在 8cm×12cm 玻片上，水平放置使之分布均匀，待凝固后置 100℃烘箱中烘干备用。

2. 分别用毛细管吸取各种脂类的标准液及待测样品液，在薄板的一端 1.5cm 高度处取间距为 1cm 点样，待溶液蒸发后置于盛有展开剂的层析缸中，点样一端起点以下都分浸入展开剂中(注意：点样点切勿浸入展开剂中)。

3. 约半小时后，当展开剂上升至适当高度(接近薄板上端)时将薄板取出烘干，喷以磷钼酸显色剂。比较各种脂类和试样所显斑点位置，作图计算 $R_f$ 值。

$$R_f = \frac{\text{斑点中心至原点的距离}}{\text{展开剂扩展前沿至原点的距离}}$$

## 【注意事项】

1. 薄层层析技术特别适用于分离样品中含量很低的物质，其原理主要是吸附层析(也包括分配作用)。用硅胶 G 作吸附剂的特点之一是它含有一种黏合剂(本实验用石膏作黏合剂)，以便将硅胶更好地粘着在玻璃板上，可用于上行或下行展层。

2. 制板后放入 80～100℃烘箱中烘烤 30min，其目的是去除水分，这一过程称为活化。在活化时应尽量避免温度突然升高或降低，时间不宜过长，否则薄层容易脱落。从烘箱中取板前必须关掉电源，不要碰破薄膜，还要防止烫伤。

3. 以硅胶 G 为固定相的薄层层析可用于各种酸性、中性小分子化合物(如脂类、氨基酸、多肽、维生素、糖类、生物碱、酚类等)的分析与分离，几乎都是以脂溶剂作为流动相。这一技术对同分异构体的分离也有独到的用处。

## 【思考题】

1. 薄层层析与纸层析相比具有哪些优点？

2. 根据固定相支持物的不同，薄层层析可分为几种？

# 第三部分 生物化学综合性实验

综合性实验是把基础理论知识和各种实验技能、方法联系起来,相互利用、相互渗透的一种有效的实验形式,能培养和提高学生综合应用实验方法和技能以及思考问题和解决问题的能力。

生物体的新陈代谢由合成代谢(同化作用)和分解代谢(异化作用)组成,主要包括糖类代谢、蛋白质代谢和脂肪代谢等。这三类营养物质的代谢枢纽是呼吸作用,主要是通过呼吸作用的中间产物(如丙酮酸、乙酰辅酶 A、柠檬酸等中间产物)来进行调节的。糖类转变成蛋白质必须通过转氨基作用,将氨基转移给糖代谢的中间产物酮酸就能产生新的氨基酸,如将氨基转给丙酮酸即为丙氨酸。蛋白质转变成糖类必须经过脱氨基作用,形成的不含氮部分的碳骨架才能转变成糖类。糖类转变成脂肪必须通过生成大量的乙酰辅酶 A,而脂肪提供能量也必须由脂肪酸转变成乙酰辅酶 A 后才能进入呼吸作用。在蛋白质代谢过程中,氨基酸经脱氨基作用形成的含 N 部分是 $NH_3$,$NH_3$ 对人体是有毒的,但在肝脏中可通过肝脏的鸟氨酸循环解毒作用转变成尿素,尿素基本对人体无害,再通过循环系统运至肾脏,以尿液的形式排出体外,或运至皮肤的汗腺,以汗液的形式排出体外。

该部分内容将在综合学习前面氨基酸、蛋白质、核酸、酶类生物大分子分离、分析、鉴定的基础上,结合生物代谢的知识和糖类、蛋白质、脂类和核酸分子的知识综合运用,开展生物代谢产物分析和基因分析等综合性实验。

## 实验 36　肝糖原的提取与鉴定

### 【实验目的】
1. 了解糖原的性质并掌握提取方法。
2. 掌握糖原的鉴定方法。

### 【实验原理】
糖原属于高分子糖类化合物,是动物体内糖的主要贮存形式,在肝脏和肌肉组织中的糖原含量最高,因此适用于进行糖原的提取和鉴定。糖原在体内的合成与分解代谢,对调节血糖浓度起着非常重要的作用。常用的提取肝糖原的方法是将新鲜的肝脏组织与石英砂共同研磨以破坏肝脏组织,加入三氯乙酸破坏肝脏组织中的酶并沉淀蛋白质而保留糖原。糖原不溶于乙醇而溶于热水,应先用 95%乙醇将滤液中的糖原沉淀,再溶于热水。

糖原微溶于水,溶液呈乳样光泽,遇碘呈红棕色。糖原本身无还原性,在酸性溶液中加热可水解为具有还原性的葡萄糖,后者可将班氏(Benedict)试剂中的 $Cu^{2+}$ 还原为 $Cu^+$(氧化亚铜),呈现砖红色的沉淀。利用上述性质可鉴定组织中糖原的存在。

【实验器材和试剂】

**1. 器材**

剪刀、镊子、研钵、漏斗、滤纸、离心管、试管、玻棒、吸量管、白瓷凹盘等。

**2. 仪器**

电磁炉、电子天平、离心机等。

**3. 材料**

新鲜动物肝脏。

**4. 试剂**

(1) 班氏试剂：称取 173g 柠檬酸钠及 100g 无水 $Na_2CO_3$ 放入 1000ml 烧杯内，加 700ml 蒸馏水，加热溶解并以玻棒不断搅匀后，冷却至室温。另取 200ml 锥形瓶，称取 17.3g $CuSO_4 \cdot 5H_2O$，加 100ml 蒸馏水，加热溶解。将 $CuSO_4$ 溶液缓慢倒入前液中，充分混匀，置于 1000ml 容量瓶内，加蒸馏水至刻度。若试剂出现浑浊，须过滤后使用。

(2) 碘试剂：将 100mg 碘及 200mg 碘化钾溶于 30ml 蒸馏水。

(3) 其他：0.9％NaCl 溶液、5％三氯乙酸溶液、95％乙醇乙、浓盐酸、12.5mol/L NaOH 溶液等。

【实验操作】

1. 取健康小鼠 1 只，迅速处死，立即取出肝脏，用 0.9％ NaCl 溶液洗去粘附的血液，并用滤纸吸去多余水分，称重。

2. 于研钵中迅速剪碎肝组织，加入 2ml 5％三氯乙酸溶液，研磨至糜状，再加 5％三氯乙酸溶液至 5ml/g 肝组织，混匀使其成匀浆，过滤备用。

3. 取 2ml 滤液置离心管中，加入 2ml 95％乙醇溶液，混匀，静置 10min，3000r/min 离心 5min，弃上清液，将离心管倒置于滤纸上以吸去残留的上清液，得到的白色沉淀即为糖原。

4. 加 3ml 蒸馏水于上述沉淀管中，加热并用细玻棒搅拌至沉淀溶解，可见乳样光泽。

5. 取糖原溶液 2 滴于白瓷凹盘内，加碘试剂 1 滴，仔细观察其颜色变化。

6. 取 2ml 糖原溶液于另一支试管中，加入浓盐酸 10 滴，置沸水浴 20min，取出，冷却后用 12.5mol/L NaOH 溶液调 pH 至中性，所得产物为糖原水解液。

7. 加 1ml 班氏试剂于试管内，煮沸。加入糖原水解液 10 滴，轻摇混匀，再煮沸 5min，取出冷却。观察管中沉淀的生成，并解释现象。

【注意事项】

处理动物肝脏应迅速，以免糖原分解。

【思考题】

1. 提取肝糖原时，为什么实验动物在实验前必须是饱食的？

2. 若分别用等量肝脏和肌肉提取并鉴定糖原，结果会有何不同？

3. 在杀死实验动物后，离体肝脏为什么要迅速用三氯乙酸处理？

# 实验 37　肌糖原的酵解作用

【实验目的】

1. 掌握鉴定糖酵解作用的原理和方法。

2. 理解糖酵解作用在糖代谢过程中的地位及生理意义。

**【实验原理】**

在动物、植物、微生物等许多生物机体内，糖酵解作用几乎能按完全相同的过程进行。本实验以动物肌肉组织中肌糖原的酵解过程为例。在缺氧的条件下，肌糖原经过一系列的酶促反应最后转变成乳酸的过程即为酵解作用。肌肉组织中的肌糖原首先磷酸化，然后经过己糖酸酯、丙糖磷酸酯、丙酮酸等一系列的中间产物，最后生成乳酸。该过程以下列反应式来表示：

$$\frac{1}{n}(C_6H_{10}O_5)_n + H_2O \longrightarrow 2CH_3OHCHCOOH$$

糖原　　　　　　　　　　乳酸

肌糖原的酵解作用是糖类供给组织能量的一种重要方式。当机体突然需要大量的能量但又自身供氧不足（如剧烈运动）时，糖原的酵解作用可及时满足能量消耗的需要。

糖原的酵解作用实验，一般采用肌肉糜或肌肉提取液。若用肌肉提取液（无线粒体），则可在有氧条件下进行，因为催化糖酵解作用的酶系全部存在于肌肉提取液中；若用肌肉糜（肌肉剪碎后的糜状物，有线粒体），则必须在无氧的条件下进行，因为催化有氧呼吸作用（即三羧酸循环）的酶系集中在线粒体中，在有氧条件下会抑制无氧呼吸，妨碍酵解作用。

糖原也可用淀粉代替，淀粉存在于绿色植物的多种组织中。糖原或淀粉的酵解作用可由其产物乳酸的生成来检测。在除去蛋白质与糖以后，乳酸可以与硫酸共热而形成乙醛，后者再与对羟基联苯反应产生红紫色的化合物，则可以根据生成物的颜色显现加以鉴定。

此法较灵敏，1ml 溶液含 $1 \sim 5\mu g$ 乳酸即可产生明显的呈色反应。若有大量糖类和蛋白质等杂质存在，会严重干扰测定。因此，实验中应尽量避免这些物质的存在。另外，测定时所用的仪器应严格地洗涤干净以去除残留的乳酸。

**【实验器材和试剂】**

1. 器材

研钵、漏斗、滤纸、试管、吸量管、滴管、量筒、玻棒、剪刀、镊子等。

2. 仪器

电子天平、恒温水浴箱、制冰机等。

3. 材料

大鼠或家兔。

4. 试剂

（1）1/15mol/L 磷酸盐缓冲液（pH 7.4）：将下述 A、B 两液按 1：4 的体积比混合，即为 pH 7.4 的缓冲液。

A. 1/15mol/L 磷酸二氢钾溶液：称取 9.08g $KH_2PO_4$ 溶于蒸馏水中，置于 1000ml 容量瓶中稀释至刻度。

B. 1/15mol/L 磷酸氢二钠溶液：称取 23.90g $Na_2HPO_4 \cdot 12H_2O$ 溶于蒸馏水中，置于 1000ml 容量瓶中稀释至刻度。

（2）对羟基联苯试剂：将 1.5g 对羟基联苯溶于 100ml 0.5% NaOH 溶液中，配成浓度为 1.5％的溶液。若对羟基联苯颜色较深,应用丙酮或无水乙醇重结晶后使用。该试剂放置时间较长会出现针状结晶,用时应摇匀。

(3) 其他:0.5％糖原溶液(或 0.5％淀粉溶液)、20％三氯乙酸溶液、氢氧化钙(粉末)、液体石蜡、饱和硫酸铜溶液、浓硫酸等。

**【实验操作】**

1. 制备肌肉糜

将动物(大鼠或家兔)处死,放血后立即取其背部和腿部肌肉。在冰浴中用剪刀尽量把肌肉剪碎成肌肉糜,低温保存备用。须在临用前制备。

2. 肌肉糜的酵解

取 4 支试管,编号 1～4,在各管中加入 0.5g 新鲜肌肉糜,1、2 号管为试验管,3、4 号管为对照管。先向 3、4 号对照管内加入 3ml 20％三氯乙酸溶液,用玻棒将肌肉糜碎块充分打散、搅匀,以沉淀蛋白质和终止酶的反应。然后在 4 支试管中各加入 3ml 磷酸盐缓冲液和 1ml 0.5％糖原溶液(或 0.5％淀粉溶液),搅匀,再分别加入少许液体石蜡(约 15 滴/管),使其在液面上形成薄层以隔绝空气,并将 4 支试管同时放入 37℃恒温水浴中保温。

1.5h 后取出试管,立即向 1、2 号试验管内加入 3ml 20％三氯乙酸溶液,混匀。将 4 支试管中的内容物分别过滤,弃去沉淀。量取每个样品的滤液 5ml,分别加入已编号的另 4 支试管中,然后向每管内加入 1ml 饱和硫酸铜溶液,混匀,再加入 0.4g 氢氧化钙粉末,塞上橡皮塞后用力振荡。放置 30min 并不时振荡,使糖沉淀完全。将每个样品分别过滤(或 3000r/min 离心 15min),弃去沉淀。

3. 乳酸的测定

取 4 支洁净、干燥的小试管,编号,各加入浓硫酸 1.5ml 和 3 滴对羟基联苯试剂,混匀后置于冰浴中冷却。

从每个样品的滤液中取 1～2 滴加入已冷却的上述浓硫酸与对羟基联苯混合溶液中,边加边振荡冰浴中的试管,充分混匀,注意冷却。

将各管放入 100℃恒温水浴中保温 10min,冷却后比较和记录各管溶液的颜色深浅变化,并加以解释。

**【注意事项】**

1. 对羟基联苯试剂一定要经过纯化,使其成白色。

2. 在乳酸的测定中,试管必须洁净、干燥,且须戴手套操作防止污染,以免影响结果。所用滴管大小尽可能一致,以减少误差。若显色较慢,则可将试管放入 37℃恒温水浴中保温 10min,再比较各管颜色。

3. 因皮肤上有乳酸,操作过程中勿用手接触。

**【思考题】**

1. 人和动植物体中糖的贮存形式各是什么?该实验中为什么可以用淀粉代替糖原?

2. 简述糖酵解作用的生理意义。

3. 本实验关键之处是什么?应采取什么措施?为什么?

4. 研究组织代谢的实验应注意一些什么问题?

# 实验38  血清尿素氮含量的测定

## 【实验目的】

掌握血清尿素氮含量测定的方法及临床意义。

## 【实验原理】

血清中的尿素在氨基硫脲存在下,与二乙酰一肟在强酸溶液中共煮时可生成一种红色化合物(二嗪衍生物),其颜色深浅与尿素含量成正比,与同样处理的尿素标准液比色,可测算出血清中尿素氮的含量。血清中尿素氮的正常含量为 $3.2\sim7.1 \text{mmol/L}$。其反应式如图 3-1 所示:

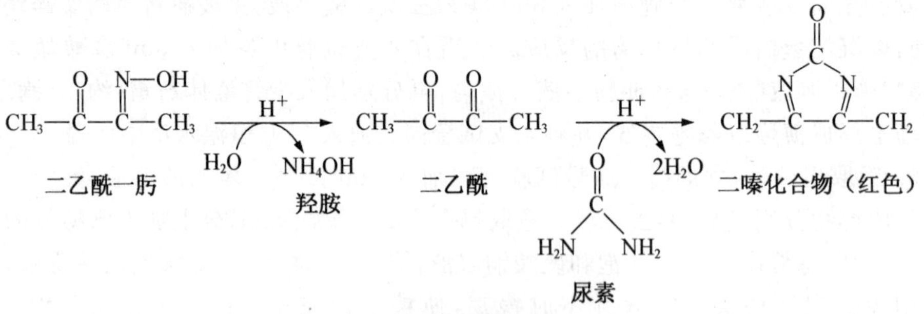

图 3-1  尿素与二乙酰一肟的反应式

血液中非蛋白含氮化合物包括尿素、尿酸、肌酸、肌酐、胆红素及氨等。其中尿素含量约占 $1/3\sim1/2$。尿素是蛋白质代谢的产物。机体组织蛋白质不断地分解生成氨基酸,氨基酸进一步分解成 $\alpha$-酮酸及氨,所产生的氨主要通过肝脏的鸟氨酸循环作用合成尿素,通过肾脏排出。当各种原因引起肾功能不全(如肾炎、肾肿瘤、汞中毒以及血液循环衰竭等)时,均可使血清中的尿素氮含量增加;在肾衰竭尿毒症的病人中,血清中尿素氮含量显著增加。因此,血清尿素氮的测定,可作为检测肾功能的一项指标,并且其增高程度与病变的严重程度非常相关。

## 【实验器材和试剂】

### 1. 器材

试管、吸量管、移液器等。

### 2. 仪器

恒温水浴箱、可见分光光度计。

### 3. 材料

新鲜人或动物血清,无溶血。

### 4. 试剂

(1)尿素氮显色剂:将下列 A、B 液等量混合后,置棕色瓶中,冰箱保存。

A. 取 50ml 浓硫酸及 50ml 85% 磷酸,缓慢倒入 800ml 蒸馏水中,冷却至室温,加入 10ml 10% $FeCl_3 \cdot 6H_2O$ 溶液,再加蒸馏水稀释至 1000ml。

B. 取 0.4g 氨基硫脲及 2.0g 二乙酰一肟,溶解后加蒸馏水稀释至 1000ml。

(2)尿素氮标准贮存液(50mmol/L):准确称取 3.0g 干燥尿素,加蒸馏水定容至 100ml。

（3）尿素氮标准应用液（1mmol/L）：取 2ml 尿素氮标准贮存液，加蒸馏水定容至 100ml，此溶液浓度即为 1mmol/L。

## 【实验操作】

1. 样品的测定

取 3 支试管，按表 3-1 所示操作。

**表 3-1 尿素氮测定加样表**

单位：ml

| 试　剂 | 试管编号 | | |
| --- | --- | --- | --- |
| | 空白管 | 标准管 | 测定管 |
| 蒸馏水 | 0.1 | — | — |
| 尿素氮标准应用液 | — | 0.1 | — |
| 血清 | — | — | 0.1 |
| 尿素氮显色剂 | 4.0 | 4.0 | 4.0 |
| 混匀，置沸水浴中 12min，取出后置冷水中冷却 5min，在 520nm 波长处测定吸光度 | | | |
| $A_{520}$ | | | |

2. 计算

实验结果按以下公式计算：

$$血清尿素氮含量（mmol/L）= \frac{测定管吸光度}{标准管吸光度} \times 标准液浓度（mmol/L）$$

## 【注意事项】

1. 本法线性范围可达 0～40mg/dL 尿素氮，即吸光度为 0.7 。如遇高于此浓度的样品，必须用生理盐水做适当的稀释后重测，然后乘以稀释倍数作为结果。

2. 虽有氨基硫脲和铁离子，但仍有轻度褪色现象（每小时小于 5%），因此加热显色冷却后，应及时比色。

3. 世界卫生组织推荐用 mmol/L 尿素表示血清中尿素的含量，但我国目前仍习惯用尿素氮（mg/dL 或 mmol/L）来表示。二者换算关系是，1mmol/L 尿素氮等于 0.5mmol/L 尿素，1mg/dL 尿素氮等于 2.14mg/dL 尿素。

## 【思考题】

1. 测定血清尿素氮的意义是什么？

2. 若肝功能正常，而肾功能下降时，血中尿素氮含量会发生怎样的变化？为什么？

# 实验 39　血清蛋白的分离、纯化与鉴定

## 【实验目的】

1. 了解分离、纯化蛋白质的思路。

2. 掌握盐析法、分子筛层析法、离子交换层析法等实验原理及操作技术。

3. 掌握血清 γ-球蛋白纯度鉴定的方法。

**【实验原理】**

本实验中首先利用清蛋白和球蛋白在高浓度中性盐(如硫酸铵)溶液中溶解度的差异而进行沉淀分离,称为盐析法。由于血清中各种蛋白质的颗粒大小、所带电荷及亲水程度不同,当利用某种中性盐对其进行盐析时,所需的最低盐浓度各不相同。如半饱和硫酸铵溶液可使球蛋白沉淀析出,而清蛋白仍溶解在溶液中,经离心分离,沉淀部分即为含有 γ-球蛋白的粗制品。用盐析法分离得到的蛋白质中含有较多的中性盐,会影响蛋白质的进一步纯化,因此首先必须去除。常用的方法有透析法、凝胶层析法等。本实验采用的是凝胶层析法,其原理是利用蛋白质与无机盐类之间相对分子质量的差异而进行分离。当溶液通过 Sephadex G-25 凝胶柱时,溶液中分子直径大的蛋白质不能进入凝胶颗粒的网孔而先被洗脱,而分子直径小的无机盐能进入凝胶颗粒的网孔之中,被阻滞,而后洗脱出来,因此可达到去除盐的目的。凝胶层析法脱盐不仅效果好,而且去盐效率比透析法高,也是目前工业化生产蛋白质制剂最常用的方法。

脱盐后的蛋白质溶液尚含有各种球蛋白,可利用它们等电点的不同进行分离。α-球蛋白及 β-球蛋白的 pI<5.12;γ-球蛋白的 pI 为 6.85~7.50。因此,在 pH 为 6.3 的缓冲液中,各类球蛋白所带的电荷不同。采用 DEAE(二乙基氨基乙基)纤维素阴离子交换层析柱进行层析时,带负电荷的 α-球蛋白和 β-球蛋白能与 DEAE 纤维素进行阴离子交换而吸附在柱子上,带正电荷的 γ-球蛋白由于不能与 DEAE 纤维素进行交换结合而直接从层析柱流出。因此随洗脱液流出的仅有 γ-球蛋白,从而使 γ-球蛋白粗制品得到纯化。

可将纯化前后的 γ-球蛋白通过电泳比较来鉴定,分析用上述分离方法制得的 γ-球蛋白是否纯净、单一。

**【实验器材和试剂】**

1. 器材

烧杯、层析柱、长滴管、玻棒、试管、离心管、圆形滤纸、比色板、醋酸纤维素薄膜、分步收集器等。

2. 仪器

薄膜电泳仪及电泳槽、离心机、蠕动泵、恒温水浴箱等。

3. 材料

人血清。

4. 试剂

(1)饱和硫酸铵溶液(pH 7.2):称取 850g 固体硫酸铵,置于 1000ml 蒸馏水中,在 70~80℃水中搅拌溶解。用浓氨水调节 pH 至 7.2,室温放置过夜,当瓶底析出白色结晶,上清液即为饱和硫酸铵溶液。

(2)葡聚糖凝胶 G-25 的处理:以 100ml 凝胶床体积需要 25g 葡聚糖凝胶 G-25 干胶的量称取,置于锥形瓶中。每克干胶加入约 30ml 蒸馏水,用玻棒轻轻混匀,置于 90~100℃水浴中不时搅拌,使气泡逸出。1h 后取出,静置片刻,倾去上清液细粒。或者在室温下浸泡 24 h,搅拌后稍静置,倾去上清液细粒,用蒸馏水洗涤 2~4 次,然后加 17.5mmol/L 磷酸盐缓冲液(pH 6.3)平衡,备用。

（3）DEAE-32（二乙基氨基乙基-32）纤维素的处理：以100ml柱床体积需DEAE纤维素14g的量称取，每克DEAE-32纤维素加0.5mol/L盐酸15ml，轻轻搅拌。放置30min（盐酸处理时间不宜太长，否则容易使DEAE纤维素变质）。加约10倍体积量的蒸馏水搅拌，静置片刻，待纤维素下沉后，倾弃含细微悬浮物的上层液体。如此反复数次后，静置30min，虹吸以去除上清液（也可用布氏漏斗抽干），直至使上清液pH＞4为止。加等体积1mol/L氢氧化钠溶液，使最终浓度约为氢氧化钠浓度为0.5mol/L，搅拌后静置约30min以虹吸除去上层液体。同上用蒸馏水反复洗至pH＜7为止。虹吸去除上层液体，然后加入17.5mmol/L磷酸盐缓冲液（pH 6.3）平衡，备用。

（4）17.5mmol/L磷酸盐缓冲液（pH 6.3）：取A液77.5ml，加入B液22.5ml，混匀后即可。

A. 称取2.730g磷酸二氢钠（$NaH_2PO_4 \cdot 2H_2O$），溶于蒸馏水中，再加蒸馏水定容至1000ml。

B. 称取6.269g磷酸氢二钠（$Na_2HPO_4 \cdot 12H_2O$），溶于蒸馏水中，加蒸馏水定容至1000ml。

（5）奈氏（Nessler）试剂贮存液：称取7.58g碘化钾置于250ml三角烧瓶中，加5ml蒸馏水溶解，加入5.5g碘溶解，再加7.0～7.5g汞用力振摇10min（此时会产生高热，须先冷却），直至红棕色的碘转变成绿色的碘化汞钾溶液为止，过滤上清液，置于100ml容量瓶中，洗涤沉淀，将洗涤液一并倒入容量瓶内，最后用蒸馏水定容至100ml。

（6）应用液：取奈氏试剂贮存液75ml，加10％NaOH溶液350ml，加水至500ml即可。

（7）其他：20％磺基水杨酸溶液、0.9％氯化钠溶液、染色液（参见实验8）、漂洗液（参见实验8）。

**【实验操作】**

1. 盐析——硫酸铵沉淀

取健康人血清2.0ml于小试管中，加0.9％氯化钠溶液2.0ml，边搅拌边缓慢滴加饱和硫酸铵溶液4.0ml，混匀后室温下静置约10min，3000r/min离心10min。小心倾去含有清蛋白的上清液，重复洗涤一次，于沉淀中加入17.5mmol/L磷酸盐缓冲液（pH 6.3）0.5～1.0ml使之溶解。此液即为γ-球蛋白溶液的粗提液。

2. 脱盐——凝胶柱层析

（1）装柱

将洗净的层析柱保持垂直放置，关闭出口，柱内留下2.0ml洗脱液。一次性将凝胶从塑料接口加入层析柱内，然后打开柱底部出口，调节流速为0.3ml/min。凝胶随柱内溶液缓慢流下而均匀沉降到层析柱底部，最后使凝胶床达20cm高，床面上保持有洗脱液。操作过程中切忌使凝胶床表面露出液面，否则会使层析床内出现"纹路"而影响结果。在凝胶表面可盖一张圆形滤纸，以免加入液体时冲起胶粒。

（2）上样与洗脱

可以在凝胶表面上加盖圆形尼龙滤布或滤纸使凝胶表面平整，小心控制凝胶柱下端活塞，当柱上的缓冲液面刚好下降至凝胶床表面时，关紧下端出口，用长滴管吸取盐析球蛋白溶液，小心缓慢滴加到凝胶床表面。打开下端出口，将流速控制在0.25ml/min，使样品完全进入凝胶床内。关闭出口，小心加入少量17.5mmol/L磷酸盐缓冲液（pH 6.3）洗涤柱内壁。打开下端出口,待缓冲液进入凝胶床后再加少量缓冲液。如此重复两三次,以洗净内壁上的样品溶液。最后加入适量缓冲液开始洗脱。当加样开始应立即收集洗脱液。洗脱时接通蠕动泵,流速为 0.5ml/min,用分步收集器收集,每管大约收集 1ml。

(3) 洗脱液中 $NH_4^+$ 与蛋白质的检测

取两块比色板(其中一块为黑色背底),按洗脱液的顺序每管取 1 滴,分别滴入两块比色板中。于一块比色板中加 20% 磺基水杨酸溶液 2 滴,若出现白色浑浊或沉淀即表示有蛋白质析出,从而可估计蛋白质在洗脱各管中的分布及浓度;于另一比色板中加入 1 滴奈氏试剂应用液,观察 $NH_4^+$ 出现的情况。

合并球蛋白含量高的各管,轻轻混匀。除留少量做电泳鉴定外,其余用 DEAE 纤维素阴离子交换柱做进一步纯化。

3. 纯化——DEAE 纤维素阴离子交换层析

用 DEAE 纤维素装柱约 8~10cm 高,并用 17.5mmol/L 磷酸盐缓冲液(pH 6.3)平衡,然后将脱盐后的球蛋白溶液缓慢加于 DEAE 纤维素阴离子交换柱上,用同一缓冲液进行洗脱并且分管收集。用 20% 磺基水杨酸溶液检查蛋白质的分布情况。装柱、上样、洗脱、收集蛋白质检查等操作步骤同凝胶层析。

4. 浓缩

经 DEAE 纤维素阴离子交换柱纯化的 γ-球蛋白溶液浓度较低。为便于鉴定,常需浓缩。收集较浓的纯化的 γ-球蛋白溶液 2ml,葡萄糖凝胶 G-25 干胶,按 1ml 溶液加 0.2~0.25g 的量加入轻轻摇动 2~3min,3000r/min 离心 5min。所得上清液即为浓缩的 γ-球蛋白溶液。

5. 鉴定——醋酸纤维素薄膜电泳

取 2 条醋酸纤维素薄膜,分别将血清、脱盐后的球蛋白、经 DEAE 纤维素阴离子交换柱纯化的 γ-球蛋白溶液等样品点上,然后进行电泳分离、染色。比较电泳结果,观察不同分离方法的效果。

**【注意事项】**

1. 装柱是层析操作中最关键的一步。为使柱床装得均匀,务必做到使凝胶悬液或 DEAE 纤维素混悬液不稀不厚。进样及洗脱时切忌使床面暴露在空气中,否则柱床会出现气泡或分层现象。加样时必须均匀,切勿搅动床面,否则均会影响分离效果。

2. 本实验是利用 γ-球蛋白的等电点与 α-球蛋白、β-球蛋白不同,用离子交换层析法进行分离。因此层析过程中用的缓冲液 pH 必须精确。

3. 凝胶的储存:若凝胶使用后短期不用,为防止凝胶发霉可加防腐剂(如 0.02% 叠氮钠溶液),保存于 4℃ 冰箱内。若长期不用,则应脱水干燥保存。脱水方法:将膨胀凝胶用蒸馏水洗净,用多孔漏斗抽干后,逐次更换由稀到浓的乙醇溶液浸泡若干时间,最后一次用 95% 乙醇溶液浸泡使之脱水,然后用多孔漏斗抽干,于 60~80℃ 烘干保存。

4. 离子交换剂的再生和保存:由于离子交换剂价格较贵,因此每次用后需再生处理,以便能反复使用多次。处理方法:交替用酸、碱处理,去尽杂质,最后用蒸馏水洗至接近中性。阳离子交换剂最后为 Na 型,阴离子以 Cl 型为最稳定型,故阴离子交换剂处理顺序为:碱→水→稀酸→水。由于上述交换剂都含有糖链结构,容易被水解破坏,因此须避免强酸、强碱长时间的浸泡和高温处理,一般纤维素浸泡时间约为 3~4h。

【思考题】

1. 如何从血清中分离、纯化免疫蛋白 G(IgG)?

2. 制备蛋白类制剂需注意哪些问题?

# 实验 40　蔬菜上有机磷和氨基甲酸酯类农药残留的快速检测

## 【实验目的】

1. 理解农药残留快速测定的原理及操作步骤。

2. 学习使用分光光度计进行农药残留快速测定技术。

3. 了解农药残留快速检测在农产品安全监测中的意义。

## 【实验原理】

有机磷和氨基甲酸酯类农药有很强的毒性,能抑制动物中枢和周围神经系统中乙酰胆碱酯酶的活性,从而造成神经递质乙酰胆碱的积累,影响正常传导,使动物中毒,严重情况下可致死。根据这一毒理学原理,建立了农药残留的快速检测方法。以乙酰硫代胆碱(AsCh)为底物,在乙酰胆碱酯酶(AChE)的作用下可将乙酰硫代胆碱水解成硫代胆碱和乙酸,硫代胆碱能和二硫代双对硝基苯甲酸(DTNB)发生显色反应,使反应液呈黄色,在 410nm 处有最大吸收峰,当存在有机磷或氨基甲酸酯类农药时,乙酰胆碱酯酶的活性被抑制,用可见分光光度计测得 410nm 处的吸光度下降,根据公式计算出抑制率,从而利用抑制率可判断蔬菜中含有有机磷或氨基甲酸酯类农药的残留情况(用抑制率表示),以计算出的抑制率来判断蔬菜中含有有机磷或氨基甲酸酯类农药的残留情况。如果蔬菜样本中残留这两类农药,则酶活性被抑制,反应液的颜色较浅;如果样本中不含这两类农药残留,则颜色较深。本法适用于水果、蔬菜中有机磷和氨基甲酸酯类农药残留的快速检测。

## 【实验器材和试剂】

1. 器材

剪刀、试管、提取瓶、移液器。

2. 仪器

可见分光光度计、电子天平(精确度 0.1g)、微型样品混合器、恒温培养箱、恒温水浴箱等。

3. 材料

青菜(农家购买,喷过农药和没有喷药的各 2kg)。

4. 试剂

(1) 磷酸盐缓冲液(pH 7.7):配制方法见附录一中 8(1)。

(2) 丁酰胆碱酯酶:市售,根据酶活性情况按要求用缓冲液溶解,其吸光度应控制在 0.4~0.8。

(3) 底物乙酰硫代胆碱(AsCh):用磷酸盐缓冲液稀释为 2% 溶液。

(4) 二硫代双对硝基苯甲酸(DTNB):用磷酸盐缓冲液稀释为 0.04% 溶液。

## 【实验操作】

1. 取自不同青菜叶片(至少 8~10 片叶子),用剪刀尽量剪碎,取 2g(非叶菜类取 4g)放入提取瓶内,加入 20ml 磷酸盐缓冲液,用力振荡 1~2min。倒出提取液,静置 5min。于 2 支小试管内分别加入 50μl 酶、3ml 样品提取液、50μl 显色剂、50μl 底物(此两管为平行测定管),静置 3.0min 后倒入比色皿中,用仪器进行测定。

2. 另取一支小试管为对照管,用蒸馏水代替提取液,其余试剂同测定管,于 37~38℃下静置约 3min 后再加入 50μl 底物,倒入比色皿中用蒸馏水调零,在 410nm 处用仪器测定吸光度。

3. 检测结果按下列公式计算:

$$抑制率 = \frac{A_c - A_s}{A_c} \times 100\%$$

式中:$A_c$ 为对照管 3min 后与 3min 前吸光度之差;$A_s$ 为测定管 3min 后与 3min 前吸光度之差。

4. 对检测结果进行判断。若抑制率≥70%,则蔬菜中含有某种有机磷或氨基甲酸酯类农药残留。此时样品须进行两次以上的重复检测,几次重复检测的重现性应大于 80%。

5. 快速检测法最低检出浓度见表 3-2。

表 3-2　各种农药最低检出浓度表

| 农药 | 毒性 | 最低检出浓度(溶液)/(mg/L) | 最低检出浓度(蔬菜)/(mg/kg) |
|---|---|---|---|
| 甲胺磷(methamidophos) | 剧毒 | 1~2 | 2~4 |
| 内吸磷(systox) | 剧毒 | 0.5~2 | 2~5 |
| 甲拌磷(phoxate) | 剧毒 | 0.3~0.6 | 1~2 |
| 对硫磷(parathion) | 剧毒 | 0.8~1.5 | 1~3 |
| 氧化乐果(omethoate) | 剧毒 | 0.8~2 | 2~4 |
| 倍硫磷(fenthion) | 高毒 | 2~2.5 | 5~7 |
| 杀扑磷(methidathion) | 高毒 | 2~2.5 | 5~7 |
| 水胺硫磷(isocarbophos) | 高毒 | 0.1 | 0.2 |
| 呋喃丹(carhofuran) | 高毒 | 0.3~0.7 | 1~2 |
| 丁醛肟威(aldicarb) | 高毒 | 0.3~0.7 | 1~2 |
| 灭多威(methomyl) | 高毒 | 0.4~0.7 | 1~2 |
| 抗蚜威(pirimicarb) | 高毒 | 0.4~1 | 1.5~3 |
| 丁硫克百威(carbosulfan) | 中毒 | 0.7~1 | 2~3 |
| 西维因(carbaryl) | 中毒 | 0.3~0.7 | 1~2 |
| 马拉硫磷(malathion) | 中毒 | 1~2.5 | 3~5 |
| 敌敌畏(dichlorovos) | 中毒 | 0.1 | 0.2~0.3 |
| 敌百虫(dipterex) | 低毒 | 0.5~0.8 | 1.5~2.5 |
| 氯甲硫磷(chlorthiophos) | 低毒 | 0.3~1 | 0.5~2 |

注:由于乙酰胆碱酯酶对乐果,甲基对硫磷、毒死蜱等农药不太灵敏,检出浓度均在 10mg/kg 以上。

**【注意事项】**

1. 实验中须设定样品空白(未施药的蔬菜)对照和试剂空白对照,如果在市场上抽检样品,还应设质控对照(已施药的蔬菜),以保证检测结果的准确性。

2. 比色皿要洁净,在使用时切忌污染。

3. 生物试剂须临用前配制,并应注意满足反应温度和时间等要求。

4. 供试样品应重复检测两次,作为农药残留与否判定依据的酶抑制率,应是两次检测结果的平均值。

**【思考题】**

1. 如何检测水果表面农药的残留?

2. 检测蔬菜上农药的残留应注意什么?

# 实验 41 从动物毛囊中抽提 DNA

**【实验目的】**

1. 学习随机扩增多态性 DNA(RAPD)技术的基本原理和操作方法。

2. 掌握从动物毛囊中提取 DNA 的方法。

**【实验原理】**

基于不同个体或种类的 DNA 水平的差异(即多态性)比较,进行 DNA 分子水平上的多态性检测,是开展基因组学研究的基础。随机扩增的多态性 DNA(random amplified polymorphic DNA,RAPD)技术,是在 PCR 技术基础上,采用随机引物扩增手段寻找多态性 DNA 片段作为分子标记。即先利用一系列(通常数百个)不同的随机排列碱基顺序的寡聚核苷酸单链(通常为 10 聚体)为引物,对所研究基因组 DNA 进行 PCR 扩增;再通过电泳分离、EB 染色或放射性自显影来检测扩增产物 DNA 片段的多态性;这些扩增产物 DNA 片段的多态性在一定程度上能够反映基因组相应区域的 DNA 多态性。尽管 RAPD 技术发明不久,但由于它快速、简便、独特的优势,目前该技术已广泛渗透于基因组学研究的各个方面。

RAPD 技术所采用的一系列引物 DNA 序列各不相同,但对于任一特异的引物而言,它与基因组 DNA 序列有特异的结合位点。这些特异位点在基因组某些区域内的分布符合 PCR 扩增反应的条件,即引物能在模板的两条链上有互补区域,且引物 3′-端相距在一定的长度范围之内,就可扩增出 DNA 片段。因此,如果基因组在这些区域发生 DNA 片段插入、缺失或碱基突变,就可能导致这些特定结合位点分布发生相应的变化,而使 PCR 产物出现增加、缺少或发生产物相对分子质量的改变。因此通过对 PCR 产物的检测,即可检出基因组 DNA 的多态性。尽管对每一个引物而言,其检测基因组 DNA 多态性的区域是有限的,但是利用一系列引物则可以使检测区域几乎覆盖整个基因组。因此 RAPD 技术可以对整个基因组 DNA 进行多态性检测。另外,RAPD 片段克隆后可作为限制性内切酶酶切片段长度多态性(RFLP)的分子标记进行进一步的作图分析。

本实验从动物毛囊细胞中抽提 DNA,加入蛋白酶后除蛋白,然后用异丙醇沉淀 DNA,在获取 DNA 的基础上开展 RAPD 实验。

**【实验器材和试剂】**

1. 器材

移液器、Ep 管、PCR 反应管等。

2. 仪器

PCR 仪、恒温水浴箱、制冰机、离心机、冰箱、微波炉、水平电泳槽及电泳仪、紫外灯检测仪或凝胶成像系统等。

3. 材料

动物毛(发)囊。动物毛发可以从实验大兔、猪、狗等动物身上新鲜采集,采自 2 头,每头取 8～10 根,编号为 1 或 2 号。另外由实验者本人提供 8～10 根头发,连根拔毛发,选取肉眼能看到发根毛囊的头发,编号为 3 号。

4. 试剂

(1) DNA 抽提液:10mmol/L Tris-HCl(pH 8.0),0.1mmol/L EDTA(pH 8.0),0.5% SDS(含 20 $\mu$mol/L RNA 酶)。

(2) 蛋白酶 K:取 10mg 蛋白酶 K,溶于 1ml 无菌水中,−20℃保存。临用前 4℃保存。

(3) 其他:生理盐水、TE 缓冲液、蛋白酶 K、苯酚/氯仿/异戊醇($V:V:V=25:24:1$)、氯仿/异戊醇($V:V=24:1$)、异丙醇、70%乙醇、RAPD 随机引物(kit H 引物)、dNTPs、$Taq$ 酶、DNA 相对分子质量标记、0.5mg/L EB 染色液等。

**【实验操作】**

1. 抽提 DNA

将人和动物任何部位拔取的毛发置于放入生理盐水中,带回实验室,从毛发根部剪取 0.2cm 的带根毛发,分别放入 3 支灭菌的 0.5ml Ep 管中,每管加入 8～10 根。添加 0.2ml DNA 抽提液,再加蛋白酶 K 至其终浓度为 120$\mu$g/ml,混匀,于 56℃恒温水浴 1h。然后向各管中加入 TE 缓冲液 0.2ml,颠倒混合 10min,静置片刻,再加入 0.4ml 苯酚/氯仿/异戊醇($V:V:V=25:24:1$),颠倒混摇 10min,10000r/min 室温离心 5min。小心吸取上清液,转移至另一无菌的 Ep 管中,再加入 0.4ml 氯仿/异戊醇($V:V=24:1$),颠倒混摇,10000 r/min 室温离心 5min。小心吸取上清液,转移至另一无菌的 Ep 管中,加入等体积的异丙醇,放置 10min,10000r/min 离心 10min。将沉淀物用 70%乙醇漂洗 2 次,干燥后溶于 20$\mu$l TE 缓冲液中,即得 DNA 样品溶液,于 4℃冰箱保存,做好 1、2、3 号标记,备用。

2. 电泳检测 DNA

各取 8$\mu$l 1、2、3 号样品 DNA,进行 0.5%琼脂糖凝胶电泳,电压 50V,电泳 1h 后,在 0.5mg/L 的 EB 染色液中染色 20min,紫外灯下检测 DNA 条带情况。

3. RAPD 实验

从 1、2、3 号中选取电泳结果好的 2 个样品 DNA 进行 PCR 扩增,另设不加 DNA 模板的空白对照,随机引物选用 kit H 中的 15 号,扩增体系为:8.2$\mu$l 无菌水,1.5$\mu$l 10×buffer(含 220mmol/L MgCl$_2$),0.8$\mu$l 4 种 dNTPs (2.5mmol/L each),0.5$\mu$l 引物 kit H15 (0.2$\mu$mol/L),4$\mu$l 模板 DNA,反应总体积 15$\mu$l。在冰浴中向 0.2ml PCR 反应管加入以上各种反应物,混匀,添加 0.5U $Taq$ 酶,置于 PCR 仪中。设定循环反应程序:94℃预变性 2min,94℃ 50s,37℃ 60s,72℃ 90s,循环 35 次,最后 72℃延伸 10min,4℃保温。取 10$\mu$l RAPD 扩增产物,进行 1.2% 琼脂糖凝胶电泳,以 DNA 标准相对分子质量和空白对照作为对照。电压 50V,电泳时间 2h,

EB 染色后在紫外灯成凝胶成像系统中观察并拍照。

**【注意事项】**

由于 DNA 提取过程中 DNA 量极少,在异丙醇中难形成可见的絮状沉淀,因此尽量考虑用高速离心方法获得微量的 DNA,为后续的 DNA 扩增提供一定量的模板。

**【思考题】**

1. 简述 RAPD 技术的原理及特点。

2. 结合自身体会,分析从动物毛囊细胞中提取 DNA 的难点。

# 实验 42 DNA 指纹图谱

**【实验目的】**

1. 学习 DNA 指纹图谱技术的原理和基本操作过程。

2. 掌握 DNA 的限制性酶切的基本技术。

3. 学习利用琼脂糖凝胶电泳测定 DNA 片段的长度并分析结果。

**【实验原理】**

1984 年英国遗传学家 Jefferys 及其合作者首次以分离的人源小卫星 DNA 为基因探针,同人体核 DNA 的酶切片段杂交,获得了由多个位点上的等位基因组成的长度不等的杂交带图纹。这种图纹极少有两个人是完全相同的,故称为"DNA 指纹",意味着它与人的指纹一样,是每个人特有的,类似商品上的条形码。基于生物的不同个体或不同种群在 DNA 结构上存在着差异,因此 DNA 指纹图谱技术也成了检测 DNA 多态性的一种有效手段,如限制性内切酶酶切片段长度多态性(RFLP)分析、串联重复序列分析、随机扩增多态性 DNA(RAPD)分析等各种分析方法均是以 DNA 的多态性为基础、具有高度个体特异性的 DNA 指纹图谱技术。此外,由于 DNA 指纹图谱具有高度的变异性和稳定的遗传性,且符合简单的孟德尔遗传规律,成为目前最具吸引力的遗传标记。

1985 年 Jefferys 博士首先将 DNA 指纹图谱技术应用于法医鉴定,获得成功。至今 DNA 指纹图谱技术已经广泛应用于个体鉴别、确定亲缘关系、疾病诊断、动物种群的起源及进化关系研究、物种分类、作物的基因定位及育种等多个方面。

DNA 指纹图谱法的基本操作为:从生物样品中提取 DNA,运用 PCR 技术扩增出高可变位点[如串联重复的小卫星 DNA、数目变串联重复多态性(VNTR)系统等]或者完整的基因组 DNA,然后将扩增出的 DNA 酶切成 DNA 片断,经琼脂糖凝胶电泳,按相对分子质量大小分离,转膜,然后将已标记的小卫星 DNA 探针与膜上具有互补碱基序列的 DNA 片段杂交,用放射自显影技术获取 DNA 指纹图谱。

**【实验器材和试剂】**

**1. 器材**

移液器、Ep 管等。

**2. 仪器**

恒温水浴箱、微波炉、水平电泳槽及电泳仪、紫外灯检测仪或凝胶成像系统等。

**3. 材料**

DNA 样品,包括 DNA 标准样品 SS、DNA 样品 S1、DNA 样品 S2、DNA 样品 S3、DNA

样品 S4、DNA 样品 S5。

4. 试剂

(1) 10×DNA 样品反应缓冲液(pH 8.0):100mmol/L Tris,200mmol/L NaCl,20mmol/L MgCl$_2$,2mmol/L DTT。

(2) 电泳缓冲液(50×TAE):TAE Tris 242g,冰醋酸 57.1ml,0.5mol/L EDTA(pH 8.0)100ml。使用时用蒸馏水稀释 50 倍。

(3) 样品缓冲液:0.25%溴酚蓝、0.25%二甲苯氰、40%蔗糖。

(4) 其他:DNA 相对分子质量标记物、*Eco*R I 限制性内切酶、*Pst* I 限制性内切酶、琼脂糖、0.5mg/L EB 溶液等。

**【实验操作】**

1. **DNA 样品的制备(预先准备)**

采集生物检测样品,参照实验 15 方法制备各样品 DNA(DNA 样品 S1、S2、S3、S4、S5),备用。

2. **DNA 样品的酶切反应**

设置标准样品(DNA 标准样品 SS)和 DNA 样品(DNA 样品 S1、S2、S3、S4、S5)的双酶切反应,按表 3－3 所示加样。

表 3－3　双酶切反应加样表

单位:$\mu$l

| 试　剂 | 试管编号 | |
|---|---|---|
| | 测定管 | 对照管 |
| 样品 DNA | 10 | 10 |
| 10×DNA 样品反应缓冲液 | 2 | 2 |
| 双蒸水 | 6 | 8 |
| *Eco*R I | 1 | — |
| *Pst* I | 1 | — |
| 总体积 | 20 | 20 |

加完反应液,温和混匀,置于 37℃ 水浴中反应 1h,取出备用。

3. **酶切产物的琼脂糖凝胶电泳检测**

取已制备好的各个酶切 DNA 样品,加入 1/5 样品缓冲液,充分混匀。用移液器将样品小心地加入 1% 的琼脂糖凝胶点样孔。在不同的点样孔中,分别加入 DNA 相对分子质量标记物、对照样品(DNA 标准样品 SS)以及 DNA 样品(DNA 样品 S1、S2、S3、S4、S5)的酶切 DNA 样品各 5～10$\mu$l。盖上电泳槽,打开电泳仪电源并调节电压(通常用 50～100V),电泳 40～60min。关闭电源,取出凝胶,在紫外灯或凝胶成像系统中观察 DNA 的迁移位置,并讨论实验结果。判断 DNA 样品中哪一个与标准样品是同一个样品,找出目标 DNA 样品。

**【注意事项】**

1. 酶切加样时,注意酶体积不宜超过反应总体积的十分之一,否则限制酶活性会受到甘油的抑制；应尽量减少反应中的加水量以使反应体系减到最小。

2. 进行酶切消化时，先加入除酶以外的所有反应成分，最后加酶；从冰箱中取出酶后，应尽快放置在冰上；每次取酶时都应换一个无菌枪头，以免污染酶液；操作要尽可能快，用完后立即将酶放回冰箱。

【思考题】

如何通过对琼脂糖凝胶的电泳结果分析，从中找出特有的 DNA 特征条带，并做简单的描述？

# 第四部分  生物化学设计性实验

　　设计性实验与传统的验证性实验相比,能更好地调动学生学习的主动性,使学生真正成为实验教学的主体,使学生的主动性和综合能力得到更好的发挥,尤其在自学能力、解决问题及分析问题能力、动手能力、创新能力等各个方面都能得到充分的提高。设计性实验是指由教师先给定实验目的和实验条件,然后由学生自行设计实验方案并加以实现的实验。首先,在给定实验目的和实验条件的前提下,学生在教师的指导下查阅文献,自己设计实验方案,选择实验器材,制订操作程序,学生须运用自己所学的知识进行分析、探讨。在整个实验过程中,学生始终处于主动学习的状态,学习目的性非常明确,独立思考,这极大地调动了学生主动学习的积极性。其次,设计性实验的实验内容一般尚未为学生所系统了解,需要学生在实验过程中不断地去学习、去认识,从而打破了实验依附理论的传统教学模式,使实验教学真正成为学生学习知识、培养探索能力的基本方法和有效途径。

## 【实验目的】

1. 巩固所学的理论知识。

2. 培养综合运用基本的生物化学实验技术的能力。

3. 培养学生的创新思维以及组织能力、口头表达能力、团队协作能力。

## 【操作思路】

1. 实验题目的选定

（1）实验前 4 周,老师对学生进行分组（每组 3～5 人）,选出实验小组长。老师向学生介绍实验目的及实验室仪器等条件,要求学生提出数个与生物化学理论知识相关的设计性实验题目。

（2）实验前 3 周,老师根据实验室条件为每组选择 1 个较为合理的实验题目,布置学生查阅文献资料,要求每组提交 1 个实验方案。

2. 实验方案的确定

（1）实验前 2 周,老师布置学生在小组内讨论自己的实验方案,并进行整理。

（2）各小组长向全班同学汇报本组的实验方案。在每个小组长发言后,老师和同学对其实验原理及实验方案的可行性可给予建议,从而使实验方案得到进一步的完善。

（3）各小组根据修改好的实验方案,准备本次实验所需的仪器及药品清单。

（4）实验前 1 周,各小组提交预实验报告,内容包括实验目的和原理、实验试剂和器材、具体操作方法、预期实验结果等。

（5）将预实验报告递交给老师审阅。

3．实验方案的实施

（1）实验前 2 天，由各小组长负责配制本次实验所需的各种试剂。

（2）各小组在生物化学实验室内完成实验，如实记录实验过程及数据。

4．实验报告的撰写

以小组为单位，要求学生按照实验研究论文的格式完成实验报告，并按时交给老师。

5．实验评价

老师根据整个实验的过程，对学生的实验题目、小组讨论结果、预实验报告、学生具体实验操作情况及实验研究论文，对学生做出综合性的评价和总结。

【注意事项】

1．实验中应注意安全，遵守实验室各项操作规程，遇到危险及时报告老师。

2．配制实验试剂时，应根据实验用量配制。

3．实验结果要如实填写。

【参考题目】

1．黄豆中蛋白质含量的测定。

2．从牛奶中分离制备酪蛋白。

3．血清中清蛋白、球蛋白的分离制备。

4．水稻基因组 DNA 的提取纯化。

5．蔬菜、水果中维生素 C 含量的测定。

6．不同植物 SOD 的提取及其同工酶的活性测定。

7．唾液淀粉酶活性的测定。

8．脂肪酸的 $\beta$-氧化作用。

9．鸡蛋（蛋清、蛋黄）中蛋白质含量的测定。

10．胰岛素、肾上腺素对血糖浓度的影响。

11．蛋白质及肽的 N 末端氨基酸测定。

12．血红蛋白与核黄素的凝胶柱色谱分离。

13．维生素 B1 的定量测定。

14．脲酶米氏常数的测定。

15．植物不同生长发育期过氧化物酶同工酶酶谱分析。

# 第五部分　病例讨论

　　为提高学生对于医学生物化学实验课的学习兴趣,培养学生自主学习、综合分析、解决实际问题的能力,可以在综合性实验的教学中引入 PBL(problem-based learning,PBL)模式,开展病例讨论。PBL 模式是近年来在国际上流行的新型医学教育模式,它强调以学生为主体,用问题情景引导学生主动思考、分析,获得需要的知识,并最终解决问题,从而明显提升学生的学习积极性和自主性。

**【操作思路】**

1. 前期准备

(1) 结合医学生物化学实验的要求,设置相关的病例及讨论提纲。

(2) 实验前 3 周,学生以自由组合的方式分组,每组 4～6 人,整个教学过程以小组为单位进行。每个小组选择一个病例,要求学生利用书籍、文献和网络等资源自行解答问题。

2. 课堂教学实施

(1) 各小组选派代表,对选择的病例进行详细的讲解。

(2) 其他小组提问,展开讨论。

(3) 老师总结归纳、点评。

## 病例讨论 1：低血糖症的发病机制

**【讨论提纲】**

1. 血糖的来源与去路。

2. 体内血糖的浓度是如何调节的?

3. 试分析低血糖症发病的生化机制。

4. 低血糖时如何救治?

## 病例讨论 2：糖尿病的物质代谢紊乱

**【讨论提纲】**

1. 胰岛素分泌如何改变糖代谢途径? 糖尿病时出现高血糖与糖尿的生化机制是什么?

2. 糖尿病时还会引起哪些物质代谢紊乱? 试分析糖尿病时出现酮血症、酮尿症与代谢性酸中毒的生化机制。

3. 1 型和 2 型糖尿病的发病机制有何不同?

4. 如何预防糖尿病?

## 病例讨论 3：甲状腺功能亢进症的代谢异常

**【讨论提纲】**

1. 试述甲状腺激素对体内物质代谢的重要意义。
2. 甲状腺功能亢进对肝功能有何影响？
3. 试分析甲状腺功能亢进症的物质代谢异常。
4. 试分析甲状腺功能紊乱的生化诊断。

## 病例讨论 4：急性胰腺炎的发病原因

**【讨论提纲】**

1. 慢性胰腺炎和急性胰腺炎有何区别？
2. 急性胰腺炎的发生与脂类代谢有何关系？

## 病例讨论 5：高脂蛋白血症的病因

**【讨论提纲】**

1. 什么是血脂？血脂的浓度受哪些因素影响？
2. 血浆脂蛋白可分为几种类型？功能有何不同？
3. 正常人胆固醇及三酰甘油的代谢情况如何？
4. 试分析高脂蛋白血症的类型及其代谢紊乱情况。
5. 如何避免发生高脂蛋白血症？

## 病例讨论 6：动脉粥样硬化的病因

**【讨论提纲】**

1. 试分析引起血脂增高的外因和内因。
2. 试述动脉粥样硬化与脂蛋白代谢紊乱的相关性。
3. 试分析糖尿病、高脂血症与动脉硬化的关系。

## 病例讨论 7：苯丙酮酸尿症的病因和发病机制

**【讨论提纲】**

1. 试述正常人体内氨基酸代谢的特点。
2. 试分析苯丙酮酸尿症的病因。
3. 如何治疗苯丙酮酸尿症？

# 病例讨论 8：痛风的病因和发病机制

【讨论提纲】

1. 试述正常人体内嘌呤代谢的特点及其调节。
2. 试分析痛风的病因和发病原理。
3. 如何预防痛风？

# 病例讨论 9：肝昏迷的可能病因与物质代谢的关系

【讨论提纲】

1. 试述体内血氨的来源与去路。
2. 试述三羧酸循环的特点及其生理意义。
3. 试述高氨血症与氨中毒引起肝昏迷的原因。
4. 试述蛋白质腐败产物与肝昏迷的关系。

# 病例讨论 10：常见遗传性疾病的发生与基因诊断

【讨论提纲】

1. 试述血红蛋白分子病的病因。
2. 试述列举几种先天性代谢缺陷病。
3. 试述诊断分子生物学在生化遗传学中的发展前景。

# 附录一　常用缓冲溶液的配制

## 1. 甘氨酸-盐酸缓冲液(0.05mol/L)

取 Xml 0.2mol/L 甘氨酸溶液与 Yml 0.2mol/L HCl 溶液,再加水稀释至 200ml。

| pH | X/ml | Y/ml | pH | X/ml | Y/ml |
|---|---|---|---|---|---|
| 2.0 | 50 | 44.0 | 3.0 | 50 | 11.4 |
| 2.4 | 50 | 32.4 | 3.2 | 50 | 8.2 |
| 2.6 | 50 | 24.2 | 3.4 | 50 | 6.4 |
| 2.8 | 50 | 16.8 | 3.6 | 5.0 | 5.0 |

注:甘氨酸相对分子质量为 75.07,0.2mol/L 甘氨酸溶液含 15.01g/L。

## 2. 邻苯二甲酸-盐酸缓冲液(0.05mol/L)

取 Xml 0.2mol/L 邻苯二甲酸氢钾溶液与 Yml 0.2mol/L HCl 溶液,再加水稀释到 20ml。

| pH(20℃) | X/ml | Y/ml | pH(20℃) | X/ml | Y/ml |
|---|---|---|---|---|---|
| 2.2 | 5 | 4.070 | 3.2 | 5 | 1.470 |
| 2.4 | 5 | 3.960 | 3.4 | 5 | 0.990 |
| 2.6 | 5 | 3.295 | 3.6 | 5 | 0.597 |
| 2.8 | 5 | 2.642 | 3.8 | 5 | 0.263 |
| 3.0 | 5 | 2.022 | | | |

注:邻苯二甲酸氢钾相对分子质量为 204.23,0.2mol/L 邻苯二甲酸氢溶液含 40.85g/L。

## 3. Tris-盐酸缓冲液(0.05mol/L)

取 50ml 0.1mol/L 三羟甲基氨基甲烷(Tris)溶液与 Xml 0.1mol/L HCl 溶液,再加水稀释至 100ml。

| pH(25℃) | X/ml | pH(25℃) | X/ml |
|---|---|---|---|
| 7.10 | 45.7 | 7.30 | 43.4 |
| 7.20 | 44.7 | 7.40 | 42.0 |

续　表

| pH(25℃) | X/ml | pH(25℃) | X/ml |
|---|---|---|---|
| 7.50 | 40.3 | 8.30 | 19.9 |
| 7.60 | 38.5 | 8.40 | 17.2 |
| 7.70 | 36.6 | 8.50 | 14.7 |
| 7.80 | 34.5 | 8.60 | 12.4 |
| 7.90 | 32.0 | 8.70 | 10.3 |
| 8.00 | 29.2 | 8.80 | 8.5 |
| 8.10 | 26.2 | 8.90 | 7.0 |
| 8.20 | 22.9 | | |

注：三羟甲基氨基甲烷(Tris,HOCH$_2$CH$_2$OHCHOCH$_2$NH$_2$)相对分子质量为121.14;0.1mol/L Tris溶液为12.114g/L。

Tris溶液可从空气中吸收二氧化碳,使用时注意将瓶盖盖严。

### 4. 巴比妥钠-盐酸缓冲液

| pH(18℃) | 0.04mol/L巴比妥钠溶液/ml | 0.2mol/L盐酸/ml | pH(18℃) | 0.04mol/L巴比妥钠溶液/ml | 0.2mol/L盐酸/ml |
|---|---|---|---|---|---|
| 6.8 | 100 | 18.4 | 8.4 | 100 | 5.21 |
| 7.0 | 100 | 17.8 | 8.6 | 100 | 3.82 |
| 7.2 | 100 | 16.7 | 8.8 | 100 | 2.52 |
| 7.4 | 100 | 15.3 | 9.0 | 100 | 1.65 |
| 7.6 | 100 | 13.4 | 9.2 | 100 | 1.13 |
| 7.8 | 100 | 11.47 | 9.4 | 100 | 0.70 |
| 8.0 | 100 | 9.39 | 9.6 | 100 | 0.35 |
| 8.2 | 100 | 7.21 | | | |

注：巴比妥钠盐相对分子质量为206.18;0.04mol/L巴比妥钠溶液为8.25g/L。

### 5. 柠檬酸-氢氧化钠-盐酸缓冲液

| pH | 钠离子浓度/(mol/L) | 柠檬酸 C$_6$H$_8$O$_7$·H$_2$O/g | NaOH/g | 浓 HCl 溶液/ml | 最终体积/L |
|---|---|---|---|---|---|
| 2.2 | 0.20 | 210 | 84 | 160 | 10 |
| 3.1 | 0.20 | 210 | 83 | 116 | 10 |
| 3.3 | 0.20 | 210 | 83 | 106 | 10 |
| 4.3 | 0.20 | 210 | 83 | 45 | 10 |
| 5.3 | 0.35 | 245 | 144 | 68 | 10 |

续 表

| pH | 钠离子浓度/(mol/L) | 柠檬酸 $C_6H_8O_7 \cdot H_2O$/g | NaOH/g | 浓 HCl 溶液/ml | 最终体积/L |
|----|----|----|----|----|----|
| 5.8 | 0.45 | 285 | 186 | 105 | 10 |
| 6.5 | 0.38 | 266 | 156 | 126 | 10 |

注：使用时可以 1L 中加入 1g 酚，若最后 pH 值有变化，再用少量 50% 氢氧化钠溶液或浓盐酸调节，置冰箱中保存。

## 6. 磷酸氢二钠-柠檬酸缓冲液

| pH | 0.2mol/L $Na_2HPO_4$ 溶液/ml | 0.1mol/L 柠檬酸 溶液/ml | pH | 0.2mol/L $Na_2HPO_4$ 溶液/ml | 0.1mol/L 柠檬酸 溶液/ml |
|----|----|----|----|----|----|
| 2.2 | 0.40 | 10.60 | 5.2 | 10.72 | 9.28 |
| 2.4 | 1.24 | 18.76 | 5.4 | 11.15 | 8.85 |
| 2.6 | 2.18 | 17.82 | 5.6 | 11.60 | 8.40 |
| 2.8 | 3.17 | 16.83 | 5.8 | 12.09 | 7.91 |
| 3.0 | 4.11 | 15.89 | 6.0 | 12.63 | 7.37 |
| 3.2 | 4.94 | 15.06 | 6.2 | 13.22 | 6.78 |
| 3.4 | 5.70 | 14.30 | 6.4 | 13.85 | 6.15 |
| 3.6 | 6.44 | 13.56 | 6.6 | 14.55 | 5.45 |
| 3.8 | 7.10 | 12.90 | 6.8 | 15.45 | 4.55 |
| 4.0 | 7.71 | 12.29 | 7.0 | 16.47 | 3.53 |
| 4.2 | 8.28 | 11.72 | 7.2 | 17.39 | 2.61 |
| 4.4 | 8.82 | 11.18 | 7.4 | 18.17 | 1.83 |
| 4.6 | 9.35 | 10.65 | 7.6 | 18.73 | 1.27 |
| 4.8 | 9.86 | 10.14 | 7.8 | 19.15 | 0.85 |
| 5.0 | 10.30 | 9.70 | 8.0 | 19.45 | 0.55 |

注：$Na_2HPO_4$ 相对分子质量为 14.98，0.2mol/L 溶液为 28.40g/L。

$Na_2HPO_4 \cdot 2H_2O$ 相对分子质量为 178.05，0.2mol/L 溶液含 35.01g/L。

$C_4H_2O_7 \cdot H_2O$ 相对分子质量为 210.14，0.1mol/L 溶液为 21.01g/L。

## 7. 柠檬酸-柠檬酸钠缓冲液(0.1mol/L)

| pH | 0.1mol/L 柠檬酸 溶液/ml | 0.1mol/L 柠檬酸钠 溶液/ml | pH | 0.1mol/L 柠檬酸 溶液/ml | 0.1mol/L 柠檬酸钠 溶液/ml |
|----|----|----|----|----|----|
| 3.0 | 18.6 | 1.4 | 3.4 | 16.0 | 4.0 |
| 3.2 | 17.2 | 2.8 | 3.6 | 14.9 | 5.1 |

| pH | 0.1mol/L 柠檬酸溶液/ml | 0.1mol/L 柠檬酸钠溶液/ml | pH | 0.1mol/L 柠檬酸溶液/ml | 0.1mol/L 柠檬酸钠溶液/ml |
|---|---|---|---|---|---|
| 3.8 | 14.0 | 6.0 | 5.4 | 6.4 | 13.6 |
| 4.0 | 13.1 | 6.9 | 5.6 | 5.5 | 14.5 |
| 4.2 | 12.3 | 7.7 | 5.8 | 4.7 | 15.3 |
| 4.4 | 11.4 | 8.6 | 6.0 | 3.8 | 16.2 |
| 4.6 | 9.2 | 10.8 | 6.2 | 2.8 | 17.2 |
| 5.0 | 8.2 | 11.8 | 6.4 | 2.0 | 18.0 |
| 5.2 | 7.3 | 12.7 | | | |

注：柠檬酸（$C_6H_8O_7 \cdot H_2O$）相对分子质量为 210.14,0.1mol/L 溶液为 21.01g/L。

柠檬酸钠（$Na_3C_6H_5O_7 \cdot 2H_2O$）相对分子质量为 294.12,0.1mol/L 溶液为 29.41g/L。

### 8. 磷酸盐缓冲液

（1）磷酸氢二钠-磷酸二氢钠缓冲液（0.2mol/L）

| pH | 0.2mol/L $Na_2HPO_4$ 溶液/ml | 0.3mol/L $NaH_2PO_4$ 溶液/ml | pH | 0.2mol/L $Na_2HPO_4$ 溶液/ml | 0.3mol/L $NaH_2PO_4$ 溶液/ml |
|---|---|---|---|---|---|
| 5.8 | 8.0 | 92.0 | 7.0 | 61.0 | 39.0 |
| 5.9 | 10.0 | 90.0 | 7.1 | 67.0 | 33.0 |
| 6.0 | 12.3 | 87.7 | 7.2 | 72.0 | 28.0 |
| 6.1 | 15.0 | 85.0 | 7.3 | 77.0 | 23.0 |
| 6.2 | 18.5 | 81.5 | 7.4 | 81.0 | 19.0 |
| 6.3 | 22.5 | 77.5 | 7.5 | 84.0 | 16.0 |
| 6.4 | 26.5 | 73.5 | 7.6 | 87.0 | 13.0 |
| 6.5 | 31.5 | 68.5 | 7.7 | 89.5 | 10.5 |
| 6.6 | 37.5 | 62.5 | 7.8 | 91.5 | 8.5 |
| 6.7 | 43.5 | 56.5 | 7.9 | 93.0 | 7.0 |
| 6.8 | 49.5 | 51.0 | 8.0 | 94.7 | 5.3 |
| 6.9 | 55.0 | 45.0 | | | |

注：$Na_2HPO_4 \cdot 2H_2O$ 相对分子质量为 178.05,0.2mol/L 溶液为 85.61g/L。

$Na_2HPO_4 \cdot 12H_2O$ 相对分子质量为 358.22,0.2mol/L 溶液为 71.64g/L。

$Na_2HPO_4 \cdot 2H_2O$ 相对分子质量为 156.03,0.2mol/L 溶液为 31.21g/L。

（2）磷酸氢二钠-磷酸二氢钾缓冲液（1/15mol/L）

| pH | 1/15mol/L Na₂HPO₄ 溶液/ml | 1/15mol/L KH₂PO₄ 溶液/ml | pH | 1/15mol/L Na₂HPO₄ 溶液/ml | 1/15mol/L KH₂PO₄ 溶液/ml |
|------|------|------|------|------|------|
| 4.92 | 0.10 | 9.90 | 7.17 | 7.00 | 3.00 |
| 5.29 | 0.50 | 9.50 | 7.38 | 8.00 | 2.00 |
| 5.91 | 1.00 | 9.00 | 7.73 | 9.00 | 1.00 |
| 6.24 | 2.00 | 8.00 | 8.04 | 9.50 | 0.50 |
| 6.47 | 3.00 | 7.00 | 8.34 | 9.75 | 0.25 |
| 6.64 | 4.00 | 6.00 | 8.67 | 9.90 | 0.10 |
| 6.81 | 5.00 | 5.00 | 8.18 | 10.00 | 0 |
| 6.98 | 6.00 | 4.00 | | | |

注：Na₂HPO₄·2H₂O 相对分子质量为 178.05，1/15mol/L 溶液为 11.876g/L。

KH₂PO₄ 相对分子质量为 136.09，1/15mol/L 溶液为 9.078g/L。

## 9. 乙酸-乙酸钠缓冲液（0.2mol/L）

| pH(18℃) | 0.2mol/L NaAc 溶液/ml | 0.2mol/L HAc 溶液/ml | pH(18℃) | 0.2mol/L NaAc 溶液/ml | 0.2mol/L HAc 溶液/ml |
|------|------|------|------|------|------|
| 2.6 | 0.75 | 9.25 | 4.8 | 5.90 | 4.10 |
| 3.8 | 1.20 | 8.80 | 5.0 | 7.00 | 3.00 |
| 4.0 | 1.80 | 8.20 | 5.2 | 7.90 | 2.10 |
| 4.2 | 2.65 | 7.35 | 5.4 | 8.60 | 1.40 |
| 4.4 | 3.70 | 6.30 | 5.6 | 9.10 | 0.90 |
| 4.6 | 4.90 | 5.10 | 5.8 | 9.40 | 0.60 |

注：Na₂Ac·3H₂O 相对分子质量为 136.09，0.2mol/L 溶液为 27.22g/L。

## 10. 磷酸二氢钾-氢氧化钠缓冲液（0.05mol/L）

取 X ml 0.2mol/L K₂PO₄ 溶液与 Y ml 0.2mol/L NaOH 溶液，加水稀释至 29ml。

| pH(20℃) | X/ml | Y/ml | pH(20℃) | X/ml | Y/ml |
|------|------|------|------|------|------|
| 5.8 | 5 | 0.372 | 7.0 | 5 | 2.963 |
| 6.0 | 5 | 0.570 | 7.2 | 5 | 3.500 |
| 6.2 | 5 | 0.860 | 7.4 | 5 | 3.950 |
| 6.4 | 5 | 1.260 | 7.6 | 5 | 4.280 |
| 6.6 | 5 | 1.780 | 7.8 | 5 | 4.520 |
| 6.8 | 5 | 2.365 | 8.0 | 5 | 4.680 |

### 11. 甘氨酸-氢氧化钠缓冲液(0.05mol/L)

取 X ml 0.2mol/L 甘氨酸溶液与 Y ml 0.2mol/L NaOH 溶液,加水稀释至 200ml。

| pH | X/ml | Y/ml | pH | X/ml | Y/ml |
|------|------|------|------|------|------|
| 8.6 | 50 | 4.0 | 9.6 | 50 | 22.4 |
| 8.8 | 50 | 6.0 | 9.8 | 50 | 27.2 |
| 9.0 | 50 | 8.8 | 10.0 | 50 | 32.0 |
| 9.2 | 50 | 12.0 | 10.4 | 50 | 38.6 |
| 9.4 | 50 | 16.8 | 10.6 | 50 | 45.5 |

注:甘氨酸相对分子质量为 75.07;0.2mol/L 溶液含 15.01g/L。

### 12. 硼砂-氢氧化钠缓冲液(0.05mol/L 硼酸根)

取 X ml 0.05mol/L 硼砂溶液与 Y ml 0.2mol/L NaOH 溶液,加水稀释至 200ml。

| pH | X/ml | Y/ml | pH | X/ml | Y/ml |
|------|------|------|------|------|------|
| 9.3 | 50 | 6.0 | 9.8 | 50 | 34.0 |
| 9.4 | 50 | 11.0 | 10.0 | 50 | 43.0 |
| 9.6 | 50 | 23.0 | 10.1 | 50 | 46.0 |

注:硼砂($Na_2B_4O_7 \cdot 10H_2O$)相对分子质量为 381.43;0.05mol/L 溶液为 19.07g/L。

### 13. 硼酸-硼砂缓冲液(0.2mol/L 硼酸根)

| pH | 0.05mol/L 硼砂溶液/ml | 0.2mol/L 硼酸溶液/ml | pH | 0.05mol/L 硼砂溶液/ml | 0.2mol/L 硼酸溶液/ml |
|------|------|------|------|------|------|
| 7.4 | 1.0 | 9.0 | 8.2 | 3.5 | 6.5 |
| 7.6 | 1.5 | 8.5 | 8.4 | 4.5 | 5.5 |
| 7.8 | 2.0 | 8.0 | 8.7 | 6.0 | 4.0 |
| 8.0 | 3.0 | 7.0 | 9.0 | 8.0 | 2.0 |

注:硼砂($Na_2B_4O_7 \cdot H_2O$)相对分子质量为 381.43,0.05mol/L 溶液(=0.2mol/L 硼酸根)含 19.07g/L。

硼酸($H_2BO_3$)相对分子质量为 61.84,0.2mol/L 溶液为 12.37g/L。

硼砂易失去结晶水,必须在带塞的瓶中保存。

### 14. 碳酸钠-碳酸氢钠缓冲液(0.1mol/L)

| pH | | 0.1mol/L $Na_2CO_3$ 溶液/ml | 0.1mol/L $NaHCO_3$ 溶液/ml |
|------|------|------|------|
| 20℃ | 37℃ | | |
| 9.16 | 8.77 | 1 | 9 |

| pH | | 0.1mol/L $Na_2CO_3$ 溶液/ml | 0.1mol/L $NaHCO_3$ 溶液/ml |
|---|---|---|---|
| 20℃ | 37℃ | | |
| 9.40 | 9.12 | 2 | 8 |
| 9.51 | 9.40 | 3 | 7 |
| 9.78 | 9.50 | 4 | 6 |
| 9.90 | 9.72 | 5 | 5 |
| 10.14 | 9.90 | 6 | 4 |
| 10.28 | 10.08 | 7 | 3 |
| 10.53 | 10.28 | 8 | 2 |
| 10.83 | 10.57 | 9 | 1 |

注：$Na_2CO_2 \cdot 10H_2O$ 相对分子质量为 286.2,0.1mol/L 溶液为 28.62g/L。

NaHCO$_3$ 相对分子质量为 84.0,0.1mol/L 溶液为 8.40g/L。

$Ca^{2+}$、$Mg^{2+}$ 存在时不得使用。

### 15. PBS 缓冲液

| pH | 7.6 | 7.4 | 7.2 | 7.0 |
|---|---|---|---|---|
| $H_2O$ | 1000ml | 1000ml | 1000ml | 1000ml |
| NaCl | 8.5g | 8.5g | 8.5g | 8.5g |
| $Na_2HPO_4$ | 2.2g | 2.2g | 2.2g | 2.2g |
| $NaH_2PO_4$ | 0.1g | 0.2g | 0.3g | 0.4g |

# 附录二　玻璃仪器的洗涤及各种洗涤液的配制

实验中所使用的玻璃器皿清洁与否直接影响实验结果。器皿的不清洁或被污染,往往引起较大的实验误差,甚至会出现相反的实验结果。因此,玻璃器皿的洗涤清洁工作是十分重要的。

玻璃器皿在使用前必须洗刷干净。将量筒、量杯、锥形瓶、试管、培养皿等浸入含有洗涤液的水中,用毛刷刷洗,然后用自来水及蒸馏水冲洗。吸量管先用含有洗涤液的水浸泡,再用自来水及蒸馏水冲洗,再置于恒温干燥箱中烘干,备用。

### 1. 初用玻璃器皿的清洗
新购买的玻璃器皿表面常附着游离的碱性物质,先用肥皂水(或去污粉)洗刷,再用自来水洗净,然后浸泡在 $1\%\sim2\%$ 盐酸中过夜(不少于 4h),再用自来水冲洗,最后用蒸馏水冲洗两三次,在 $100\sim130\mathrm{℃}$ 恒温干燥箱内烘干,备用。

### 2. 使用过的玻璃器皿的清洗

#### (1) 一般玻璃器皿

如试管、烧杯、锥形瓶等,先用自来水洗刷至无污物,再选用大小合适的毛刷蘸取去污粉(掺入肥皂粉)刷洗或浸入肥皂水内。将器皿内外,特别是内壁,细心刷洗,用自来水冲洗干净后再用蒸馏水洗两三次,热的肥皂水去污能力更强,可有效地洗去器皿上的油污。洗衣粉与去污粉较难冲洗干净,常在器壁上附有一层微小粒子,故要用水多次甚至 10 次以上充分冲洗,或可用稀盐酸摇洗一次,再用水冲洗。凡洗净的玻璃器皿,若内壁的水均匀分布成一薄层,表示油垢完全洗净,器壁上若带有水珠,则表示尚未洗干净,应再按上述方法重新洗涤。若发现内壁有难以去掉的污迹,应分别使用下述的各种洗涤液予以清除,再重新冲洗。

用过的载玻片与盖玻片如滴有香柏油,要先用皱纹纸擦去或浸在二甲苯内摇晃几次,使油垢溶解,再在肥皂水中煮 $5\sim10\mathrm{min}$,用软布或脱脂棉擦拭,立即用自来水冲洗,然后在稀洗涤液中浸泡 $0.5\sim2\mathrm{h}$,自来水冲去洗涤液,最后用蒸馏水冲洗数次,待干后,浸于 $95\%$ 乙醇中保存备用,使用时在火焰上烧去乙醇。用此法洗涤和保存的载玻片和盖玻片清洁透亮,没有水珠。

检查过活菌的载玻片或盖玻片应先在 $2\%$ 新洁尔灭溶液中浸泡 24h,然后按上述方法洗涤与保存。

#### (2) 量器

如量筒、量瓶、吸量管、滴定管等,使用后应立即浸泡于凉水中,勿使物质干涸。工作完毕后用流水冲洗,以除去附着的杂质,晾干后浸泡在铬酸洗液中 $4\sim6\mathrm{h}$(或过夜),再用自来水充分冲洗,最后用蒸馏水冲洗 $2\sim4$ 次,风干备用。

#### (3) 其他

具有传染性样品的容器(如细菌、病毒玷污过的容器)按常规应先进行高压灭菌或其他形式的消毒,再进行清洗。带菌的器皿在洗涤前先浸在 $2\%$ 来苏尔水或 $0.25\%$ 新洁尔灭消毒液内 24h 或煮沸 0.5h,再用上述方法洗涤。盛过各种毒品(特别是剧毒药品和放射性核素物质)的容器必须经过专门处理,确知没有残余毒物存在时方可进行清洗,否则应使用一次性容器。

### 3. 洗涤液的种类和配制方法

#### (1) 铬酸洗液(重铬酸钾-硫酸洗液)

简称洗液或清洁液,广泛用于玻璃器皿的洗涤。常用的配制方法有以下 4 种:

① 取 100ml 工业浓硫酸于烧杯内,小心加热,然后慢慢地加入重铬酸钾粉末,边加边搅拌,待全部溶解后冷却,贮于带玻璃塞的细口瓶内。

② 称取 5g 重铬酸钾粉末于 250ml 烧杯中,加水 5ml,尽量使其溶解然后慢慢加入 100ml 浓硫酸,边加边搅拌,冷却后贮存备用。

③ 称取 80g 重铬酸钾,溶于 1000ml 自来水中,慢慢加入工业浓硫酸 1000ml,边加边搅拌。

④ 称取 200g 重铬酸钾,溶于 500ml 自来水中,慢慢加入工业浓硫酸 500ml,边加边搅拌。

（2）浓盐酸（工业用）

可洗去水垢或某些无机盐沉淀。

（3）5％草酸溶液

可洗去高锰酸钾的污痕。

（4）5％～10％磷酸三钠（$Na_3PO_4$）溶液

可洗涤油污。

（5）30％硝酸溶液

可洗涤 $CO_2$ 测定仪器及微量滴管。

（6）5％～10％乙二铵四乙酸二钠（EDTA）溶液

加热煮沸可洗去玻璃器皿内壁的白色沉淀物。

（7）尿素洗涤液

为蛋白质的良好溶剂，适用于洗涤盛蛋白质制剂及血样的容器。

（8）酒精与浓硝酸混合液

最适合于洗净滴定管。在滴定管中加入 3ml 酒精，然后沿管壁慢慢加入 4ml 浓硝酸，盖住滴定管管口，利用所产生的氧化氮洗净滴定管。

（9）有机溶液

如丙酮、乙醇、乙醚等可用于洗脱油脂、脂溶性染料等污痕。二甲苯可洗去油漆污垢。

（10）氢氧化钾-乙醇溶液和含有高锰酸钾的氢氧化钠溶液

是两种强碱性的洗涤液，对玻璃器皿的侵蚀性很强，可清除容器内壁污垢，洗涤时间不宜过长。使用时应小心谨慎。

上述洗涤液可多次使用，但使用前必须将待洗涤的玻璃器皿先用水冲洗多次，除去肥皂液、去污粉及各种废液。

若仪器上有凡士林或羊毛脂时，应先用软纸擦去，然后再用乙醇或乙醚擦净，否则会使洗涤液迅速失效。例如，肥皂水、有机溶剂（乙醇、甲醛等）及少量油污均会使重铬酸钾-硫酸洗液变绿，降低洗涤能力。

**4. 细胞培养级玻璃器皿的洗涤**

（1）按一般玻璃器皿洗涤的方法对玻璃器皿进行初洗，晾干。

（2）将玻璃器皿浸泡入洗涤液中 24～48h。注意玻璃器皿内应全部充满洗涤液，操作时小心，勿将洗涤液溅到衣服及身体各部。

（3）取出，沥去多余的洗涤液。

（4）自来水充分冲洗。

（5）排列 6 桶水，前 3 桶为去离子水，后 3 桶为去离子双蒸水。

（6）将玻璃器皿依次过 6 桶水，玻璃器皿在每桶中过 6～8 次。

（7）倒置，60℃烘干。

（8）用硫酸纸包扎，160℃干烤 3h。

# 附录三　实验安全防患的应急处理

### 1. 毒物伤害的处理

**（1）吸入有毒气体**

首先将伤者转移至实验室外,解开衣领及钮扣,吸入一氧化碳者用呼吸换气即可,严重中毒者需对其进行人工呼吸并送医院;吸入少量氯气或溴气者,可用碳酸氢钠溶液漱口。

**（2）误食有毒物质**

有毒物质误入口时,尚未咽下的立即吐出,并用水漱口;如不慎吞下,应根据毒物性质给以解毒剂,并立即送医院。对腐蚀性毒物,先饮大量水,如强酸则服用弱碱性药物、鸡蛋白、强碱则服用醋、酸果汁、鸡蛋白,然后不论酸、碱皆灌以牛奶,不要服用呕吐剂。对刺激剂及神经性毒物,先用牛奶或鸡蛋白缓和毒性,再用手指伸入喉部或服用硫酸镁(约 30g 溶于一杯水中)催吐,并立即送医院救治。

### 2. 化学试剂伤害的处理

实验时稍有不慎,化学试剂可能溅到皮肤上或眼睛内,首先要实施急救,消除化学试剂的伤害,然后送医院治疗。

常见的皮肤灼伤处理办法主要有以下几种:

**（1）被酸灼伤**

先用流水冲洗,再用 3%～5%碳酸氢钠溶液或 5%氨水擦洗,最后用流水冲洗,严重时要消毒,拭干后涂烫伤油膏。

**（2）被碱灼伤**

先用流水冲洗,再用 5%硼酸溶液或 2%醋酸溶液擦洗,最后用流水冲洗,严重时处理方法同上。

**（3）被溴灼伤**

先用流水冲洗,再用酒精擦至无溴液存在,最后涂上甘油或烫伤膏。

若眼睛受到伤害,由于眼角膜比较敏感,急救用消除伤害的特殊试剂浓度一定要低,消除酸伤害可用 1%碳酸氢钠溶液,消除碱伤害可用 1%醋酸溶液,急救处理后立即送医院进一步救治。

### 3. 机械损伤的处理

刀具、玻璃或其他机械损伤时,首先要除去伤口中的异物,然后用蒸馏水冲洗,切勿用手揉,再涂上碘酒或红药水并包扎,大伤口则应摁住主要血管以防止大量出血,最后立即送医院。

### 4. 实验动物咬伤的处理

要及时正确处理伤口。尽快用 3%～5%肥皂水或 0.1%新洁尔灭反复冲洗(肥皂水与新洁尔灭不可合用),然后挤出污血,冲洗后用 70%酒精擦洗及浓碘酒反复涂拭,伤口一般不要缝合或包扎。

要正确判断损伤程度。如无皮肤破损,触摸或喂养动物无需采取任何措施。皮肤无流血但有多处轻度擦伤或抓伤应立刻接种疫苗;如有一处或多处皮肤穿透性咬伤,唾液污染黏膜,应立刻使用抗狂犬病血清和接种疫苗。如被感染或攻毒的动物损伤皮肤应立即送往医院救治。

**5. 其他事故的处理**

**(1) 触电**

发生触电事故,首先要切断电源,或用绝缘的木棍、竹竿等使触电者与电源脱离。在没有断开电源时,不可直接接触触电者,以确保施救者自身安全。

**(2) 失火**

起火后要保持镇静,首先要果断地采取相应措施,如切断电源,停止通风,移走易燃物品等,防止火势蔓延或引发其他事故,同时立即组织实施灭火。灭火的方法要适当,一般的小火可用湿布、石棉布或沙子覆盖燃烧物,火势较大时需使用灭火器。其中,电器设备起火只能使用 $CO_2$ 或 $CCl_4$ 灭火器;酒精或其他易溶液体着火时,可用水灭火;汽油、乙醚、甲苯等比水轻的有机溶剂或可与水发生剧烈作用的化学药品着火时,不能用水急救,应用石棉布、沙土灭火;衣服着火时,要赶快脱下衣服或就地卧倒打几个滚,或用石棉布覆盖着火处,伤者须立即送医院治疗。

**(3) 烫伤**

一般可用苦味酸软膏或医用橄榄油涂抹,如果出现水泡,不要挑破以免感染,烫伤处若皮肤变色应马上送医院救治。

# 参 考 文 献

1. 史锋.生物化学实验.杭州：浙江大学出版社,2002

2. 钱国英.生化实验技术与实验教程.杭州：浙江大学出版社,2009

3. 汪炳华.医学生物化学实验技术.武汉：武汉大学出版社,2011

4. 白玲,霍群.基础生物化学实验(第二版).上海：复旦大学出版社,2008

5. 王金亭,方俊.生物化学实验教程.武汉：华中科技大学出版社,2010

6. 李巧枝,程绎南.生物化学实验技术.北京：中国轻工业出版社,2010

7. 汪晓峰,杨志敏.高级生物化学实验.北京：高等教育出版社,2010

8. J.萨姆布鲁克,E.F.弗里奇,T.曼尼呵蒂斯.分子克隆实验指南(第二版).北京：科学出版社,1995

9. R. F. Boyer. Modern experimental biochemistry(3rd Edition).　New York：Addion Wesley Longman,2000

10. P. N. Campbel, etc. Biochemistry illustrated(3rd Edition). London：Longman Group U K Limited，1993